為什麼你總是在
著
後??

風險管理專家親授3大SOP

從此跟職場災難說再見!

林原昭——著
王美娟——譯

請問各位在職場，每天有幾起業務方面的麻煩是失誤（人為疏失）造成的呢？每天要花多少時間收拾善後呢？各位難道不想擺脫這類麻煩嗎？

假如沒有這類業務方面的麻煩，我們就可以把善後的時間花在更具創造性的工作上吧？這麼做不僅能夠提高我們的工作動力，業績也會蒸蒸日上，對公司的貢獻將更勝以往。

麻煩與事故大多起因於失誤。這個失誤究竟會演變成大麻煩、大事故，抑或變成笑話一則，往往只在一線之間。當然，就算最後真成了笑話，我們也不能一笑置之。

每回發生麻煩或事故時，社會大眾總是高喊著「必須防止同樣的事再度發生」。請問，各位的職場在發生業務方面的麻煩後，都是採取什麼樣的防止再犯措施呢？

其實，只實施防止再犯措施是不夠的。如果不預先防範，依舊無法避免未來會發生問題或麻煩。那麼，防止再犯措施與防患未然措施究竟有何差別呢？詳細內容請容我在第三章的第三階段為各位說明，總之簡單來說，**防止再犯措施是避免以前發生過的麻煩或事故再度上演的對策**。

至於**防患未然措施，則是把過去的麻煩或事故當作教訓，預想將來可能發生的麻煩或事故之風險，並採取預防的對策**。

然而，**未來不太可能發生與過去一模一樣的事。正因如此，我們才需要實施預防措施，察覺未來的風險以防患於未然**。

雖然大家都很清楚防患未然的必要性，預防活動卻很難向下扎根。為什麼我們明明曉得必須預先防範，活動卻難以推動呢？這是因為，我們並未替預防活動設定好目標。只要設定好目標，我們便會產生很大的動力，預防活動也能進行得很順利吧。

那麼，該怎麼設定目標才能提升我們的動力呢？我們應該訂出，能使預防活動產生成果的目標。這個部分我將在第四章為各位說明。

二〇一六年一月十五日，輕井澤發生了一起悲慘的滑雪團遊覽車翻覆意外。我從新聞報導中發現，這個滑雪團從行程規劃到意外發生之間，存在著好幾個風險。**倘若意外發生之前，各個相關人士能夠察覺到風險，並至少採取一項對策的話，那十三名大學生就不會喪命了**。這並非事後諸葛的結果論，輕井澤的翻車意外確實能夠事先防範。看到電視報導播出罹難女學生的照片，以及她的父親含淚接受採訪的畫面時，我的內心相當震撼。我就是在這個時候決定出版本書的。

發現未來的風險，就能防患於未然。我將在第三章解說這個「發現」。

發生問題時，我們往往只會立即找出直接原因，然後實施簡單的對策。可是，這麼做無法防止問題再度發生。**我們應該先回頭檢視過去的麻煩，追究其根本原因，這點很重要**。

汲取教訓便能從中「發現」，繼而促成我們防患於未然。這裡所說的「直接原因」與「根本原因」究竟有何不同呢？直接原因就是表面上的肇因，至於根本原因則是真正的肇因，我們必須好好追究才行。

如果沒找出根本原因，我們甚至無法防止問題再度發生。關於這個部分，我將在第三章的第二階段為各位說明。

本書就是針對企業的管理階層與中堅分子，傳達如何運用風險管理及品質管理的觀念，預先防範「職場中因失誤而造成的麻煩」。書中介紹的方法適用於任何職場，請各位務必身體力行。

也許有些讀者對於風險管理或品質管理不太了解，不過請各位放心。**我在解說時並不會使用專業術語**，因此就算沒有相關經驗也不必擔心看不懂。**非得使用專業術語時，我也一定會詳加說明。**

本書的概要如下：

- **第一章**　解說何謂失誤造成的麻煩。請各位試著置換成自己的職場或身邊發生的狀況。
- **第二章**　解說人類的習性與大腦的認知習慣，好讓各位了解失誤為何會發生。人類是一種會犯錯的動物，希望各位要有這樣的自覺。
- **第三章**　我將麻煩發生後該採取的行動，分成三個階段進行解說（參考**左圖**）。

第一階段▼解說**緊急處理**（以火災來說的話就是滅火）的方法。

處理麻煩與事故的三個階段

三階段處理	①緊急處理	②防止再犯	③防患未然
步驟	麻煩或事故 ↓ 報告事實 ↓ 了解事實 ↓ 緊急措施	確認麻煩或事故的事實 ↓ 追究真正原因 ↓ 矯正措施 ↓ 驗證	重新檢視過去的麻煩與事故 ↓ 發現未來的風險 ↓ 預防措施 ↓ 查核與改善
目的	防止麻煩或事故擴大	防止同樣的麻煩再度發生	防止未來的麻煩或事故
以火災為例	防止延燒與滅火	防止相同原因或相同地點的火災	防止其他地點發生火災

第二階段▼解說如何矯正，**防止同樣的麻煩再度發生**。要防止事故再發生就得追究根本原因，關於這個部分也會詳加說明。

第三階段▼解說最高級的**防患未然措施**，並說明它與防止再犯措施的差異。

・**第四章**　解說靠團隊合作，如何提高防患未然活動的成果。除此之外，還會說明如何設定目標，使參加者產生動力，讓預防活動順利進行下去。

・**第五章**　為第三章介紹的三個階段（緊急處理、防止再犯、防患未然）之個案研究，我將透過職場上的麻煩案例，具體解說這三個階段。希望各位能置換成自身職場可能發生的狀況，舉一反三。

・**第六章** 解說為了提升防患未然的水準，有哪三種個人的能力是非加強不可的。

・**資料篇** 解說如何預防電子郵件引發的麻煩。

坊間有不少書籍教人如何在事發之後解決問題，**本書則將焦點放在預防問題（麻煩或事故）上**。

人類是一種會犯錯的動物。本書要特加說明的是，**即使犯錯帶來有實質損害的麻煩、事故，也能靠團隊合作防患於未然**。

若想有效運用本書的內容，請務必注意以下三點：

①本書雖盡可能介紹許多具體案例，但仍無法將各位在職場所發生的狀況一一網羅。因此，希望各位在閱讀時能發揮想像力，將本書的案例置換成發生在自己身邊的狀況，也就是實踐**「見賢思齊，見不賢而內自省」**。

②建議各位依照第三章介紹的三個階段採取行動。不過，假如你覺得某項措施適用於自己的狀況，即使只實施該項措施，應該也能見到成效。總而言之，**不要只停留在知識的層次，你還要付諸實行，親身感受這些措施的成效**。

③當你遇到麻煩或事故時，抑或展開新業務時，建議你至少重新瀏覽一次本書的目次。假如你從中獲得了什麼「發現」，請務必付諸行動。**倘若能把本書當成字典一般時時擺在身邊，當你有困難時本書一定能派上用場**。

衷心希望本書能幫助各位，或多或少擺脫職場上的麻煩與事故。

【附記】以下針對本書中的用語稍作說明。

・某些專業書籍將「失誤（Miss）」稱為「人為疏失（Human Error）」，本書則統一稱為「失誤」。

・**「問題」為有實質損害的麻煩及事故之總稱。**一般談到課題（例如提升業績、削減成本等）時也會用「問題」稱之，但本書並未將課題包含在「問題」內。不過，我們可以藉由預防來解決課題。

・**「麻煩」是指職場發生的日常問題，例如顧客投訴、弄錯文件等等。**不過，人際關係的問題（例如夫妻關係）不包含在內。

・**「事故」是指所有的意外事故（例如交通事故、建設或生產現場的事故、兒童事故等）。**自然災害不包含在內，不過天災帶來的二次災害（例如來不及避難而受害等）屬於人禍，故包含在「事故」內。

目次

第二章　引發失誤的人類習性與大腦習慣

第三章　分三階段處理失誤造成的麻煩（緊急處理、防止再犯、防患未然）

第一階段▼麻煩發生之後的緊急處理

第四章　實施團隊全員參加的防患未然措施

資料篇　預防電子郵件引發的麻煩

第一章

何謂失誤造成的麻煩？

本章要介紹的是，從日常生活中的麻煩到重大事故，各種現實中發生過的案例。另外，也請各位檢查一下，自己的周遭有無跟本章介紹的案例一樣的麻煩或事故。

1 每年有四萬人死於意外事故

首先請看圖1－1。這是日本各死因的死亡人數變遷圖，資料來自厚生勞動省每年公布的「人口動態統計」。我們可從這張圖看出，過去二十年來，日本每年約有四萬人死於意外事故。二〇一一年則因為發生東日本大地震，使得意外死亡人數攀升至六萬人左右。

這裡說的意外事故，是指跌倒、墜落、溺死、窒息等，這類意料不到、突然發生的事故。交通事故也包含在內，至於自殺則不算意外事故。

另外，以前每年有超過一萬人死於交通事故，到了最近則減少到五千人以下。這多半是因為警方加強取締違規，以及汽車製造商的安全措施發揮效用的緣故。駕駛的安全意識高漲也是一個很大的因素。換句話說，就是因為各種措施與安全意識的高漲發揮了效果，才使交通事故死亡人數逐年遞減。

圖1－1　各死因的死亡人數變遷

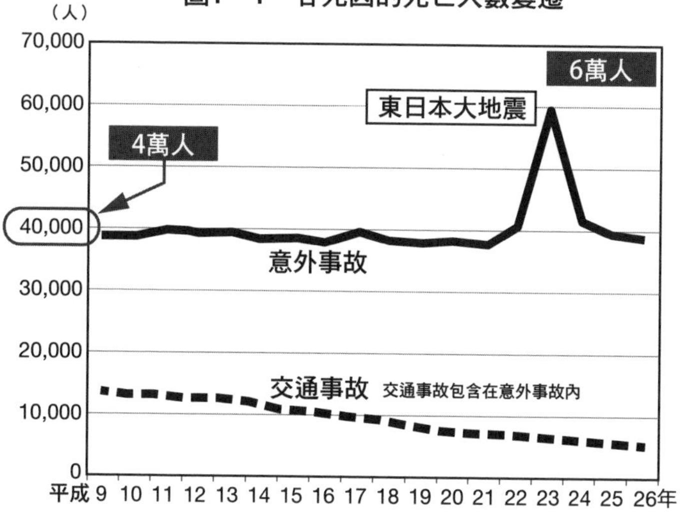

根據厚生勞動省「人口動態統計」製成

【附注】「交通事故死亡人數」的統計有兩種版本，分別為警察廳的數據及厚生勞動省的數據（人口動態統計）。不過，兩者的統計方式不盡相同。

從以上資料來看，除了交通事故死亡人數外，一般的意外事故死亡人數並無減少的傾向。這是為什麼呢？我想是因為，雖然每回發生事故時，大家都會高喊「要防止事故再度發生」，卻總是未能記取教訓並善加運用獲得的啟示，才會一再重蹈覆轍。

意外究竟會演變成重大事故還是輕微小傷，兩者之間其實只有一線之隔。如此想來，每年遭遇大小事故的人數，肯定遠超過四萬人。這件事並非與你我無關。

不幸遭遇意外事故的人，直到事故發生的前一刻都沒料到會飛來橫禍，不幸就突然降臨在他身上。各位讀者或許會覺得這種事跟自己無關，但突發事故的被害者也有可能變成加害者。

儘管交通事故死亡人數逐年遞減，每年依然有數千人死於車禍。為什麼人人高喊著「防止再發生」，悲劇仍舊不斷重演呢？這實在很令人遺憾。**撇開自然災害不談，事故的肇因皆是人所犯下的失誤，這種看法已成為專家學者的定論**。

然而，民眾對於「預防失誤造成的麻煩與事故」卻不是很了解。因此，我才想透過本書，與各位讀者分享防患未然的重要性。

專欄1

流於形式的避難演練毫無效果可言

在出版社總務課任職的C，每到舉辦避難演練的時期總是心情鬱卒。雖然每次都有八成左右的員工參加演練，但絕大多數的人都是抱著漫不經心的態度，一點也不認真。

這種情況令C十分憂心，他認為「即使進行過這種演練，實際發生災害時應該也發揮不了效用吧」。於是，他找總務部經理商量，針對避難演練進行以下的改善。

①首先，徹底要求全體員工參加演練，不容許任何例外。

②為避免緊急時刻人群全湧向一個地方，他們找各樓層的公司協商，最後考量人數，決定每個樓層規劃兩處避難用樓梯。

③各樓層皆訂出開始避難到抵達避難場所的時間目標，然後測量實際花費的時間。

④避難演練結束後，找各樓層的負責人檢討需改善的地方。一個月後再次實施改

進過的演練。

第二次進行避難演練時，眾人行動俐落，現場也沒發生什麼混亂，最後順利達成時間目標。C**切實感受到，緊急時刻自己能夠做的只有實際演練過的行動。**

2 不小心失誤造成的小麻煩案例

我們人類幾乎每天都會因為一點小失誤，而遭遇各式各樣的麻煩。不知道各位遇過何種因失誤造成的麻煩？

本節就來介紹我至今碰過的幾個小麻煩。先聲明，這些都是我尚未認真實施預防措施之前的失敗經驗。

①在國外的機場換好外幣後，把裝了護照、機票、現金的包包遺留在櫃臺上。
②搭計程車時，放在褲袋裡的手機掉了出來，遺落在座位上。
③早上出勤時，到了車站才發現忘了帶定期票。

④寄電子郵件時，忘了附加重要的資料（檔案）。

⑤跟顧客洽商時，手碰到桌上的咖啡杯，害咖啡灑出來，弄髒了顧客的資料。

除了上述這些例子外，其他的小失誤更是多到不勝枚舉。相信各位也曾遇過同樣的麻煩。

我所犯的這些小失誤，幸好最後都沒演變成大事。這也要感謝對方的善意，才能讓小失誤變成一則笑話。可是，並非每次犯錯都能這麼幸運。這類小失誤其實也有可能演變成大麻煩。

就算最後成了一則笑話，我們也必須以「防止再發生」及「防患於未然」這兩個觀點，回頭檢視這些失誤。以下就來重新檢視前述的五個麻煩吧！

①遺留護照

「護照、機票、現金」是搭飛機出國時最重要的三樣物品，可我竟然忘記帶走裝了這些重要物品的包包，真是丟臉丟大了。而且，當時的我已有一百多次到國外出差的經驗。

那天我換好外幣後，並未將現金放入包包裡，而是直接塞進口袋。雖然這麼說就跟辯解沒兩樣，但當時我的心思全放在接機的人身上，才會忽略了其他事物。

經過那次的教訓後，我便養成這個習慣：**要離開某個地方時，一定會檢查有沒有東西忘了帶走**。

這起麻煩還有另一個肇因，就是把到國外出差時最重要的物品全放在同一個包包裡。**重要物品應該分開保管才對**。

專欄2

別把所有的雞蛋放在同一個籃子裡

如果雞蛋全放在同一個籃子裡，當籃子掉下去時，裡頭的雞蛋有可能全部摔破。但是，如果把雞蛋分裝在好幾個籃子裡，就算其中一個籃子掉下去，摔破了裡頭的雞蛋，其他籃子裡的雞蛋也不會受到任何影響。

這是金融投資領域耳熟能詳的格言，意思是投資時最好不要集中於特定商品，應投資數種商品，分散風險。

這個觀念也可套用到商業領域。舉例來說，先前汽車產業因為地震造成供應鏈停擺，後來便記取這個教訓，分散生產據點。另外，據說美國的大聯盟選手要前往某個地方時，這些選手並不會全都搭乘同一架飛機。

再舉一個切身的例子，現金、信用卡、身分證等物品，建議分別放在不同的地方，不要全放在同一個錢包裡。如此一來，就算錢包搞丟了，也能將損害降到最低。

分散風險，將可能發生的麻煩之影響降到最低，同樣有助於防患未然。

②遺落手機

之前也發生過一次手機從口袋掉出去的狀況，當時我並沒有反省第一次的失誤，之後才會重蹈覆轍。從此以後，我就不再把手機放在口袋裡，而是收進手提包裡。

③忘了帶月票

我平常都把月票放在外套口袋裡，外出前一定會檢查外套口袋。但是，當天我換了一件外套，再加上快遲到了，所以我沒有檢查外套口袋就急急忙忙跑到車站。

之後我記取這個教訓，把定期票放在餐桌最顯眼的位置上。這是因為，外套並不會每天更換，我覺得要養成檢查外套口袋的習慣並不容易。

關於這一點，我將在第三章的「第三階段⑥做了什麼變更時務必當心」中詳細解說。

④寄電子郵件時忘了附加檔案

寫完正文後，忘了附加檔案就把郵件發送出去——不只我會犯這種失誤，有時我也會在別人寄來的郵件中看到這種狀況。

幸好每回發生這種狀況時，對方都會提醒我重寄一次，才沒造成任何問題。不過，萬一對方是個大忙人，那封郵件就有可能被擱置不管，這樣一來就會給我的工作帶來很大的困擾。

於是我記取這個教訓，**改成寫信之前先附加要傳送的檔案**。另外，如果編寫正文時又想附加其他檔案，我會立刻補上去，不會等到寫完以後再處理。最後，我會在按下傳送鍵前，再檢查一次附加的檔案。

重點是一定要把這個做法變成習慣。我在養成這個習慣之前，則是在自己的電腦（PC）上，貼著寫了「附加檔案」的便利貼提醒自己。

⑤洽商時打翻咖啡

圖1－2　把咖啡擺在安全的地方

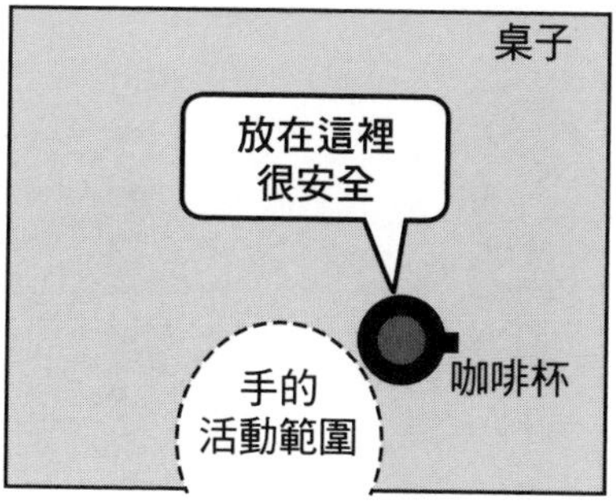

要是在重要的洽商場合上出了什麼糗，可是會破壞好不容易炒熱的氣氛。於是我記取這個教訓，當咖啡端來之後，**我就把杯子移到自己的手不會碰到的位置上**，避免自己聊得太忘我，手不小心碰撞到杯子（參考**圖**1－2）。

吃早餐時，我一樣會把裝牛奶的杯子擺在手碰不到的位置。因為我都是邊看報紙邊吃早餐，有時不會注意到杯子放哪兒。

①～⑤都是只要冷靜「檢查」，就能夠預防失誤的例子。如果工作時犯下這類失誤，有可能會演變成無法挽救的慘事。下一節就為各位介紹幾個慘事案例。

專欄3 別慌，「空檔」可避免麻煩與事故發生

製造「空檔」，其實能幫助我們應付各種情況。以棒球為例，當情勢開始倒向對手，而自己面臨危機時，球隊通常會請求暫停比賽以挽回局勢。居於劣勢的球隊若利用暫停製造「空檔」，或許就能預防對手繼續得分。

據說「空檔」對於落語（譯註：落語為一種日本傳統表演藝術，類似中國的單口相聲）也很重要。要把故事講得生動有趣，就得製造「空檔」，好讓觀眾有時間想像故事的情景。對落語家而言，製造「空檔」就等於製造笑點，這算是一種避免落語表演不好笑的預防措施。

「空檔」對於溝通同樣很重要。不要滔滔不絕地說個沒完，適時停下來製造「空檔」，能夠加深對方的理解。另外，「空檔」亦是暗示對方可以發問的訊息，能夠預防對方感到壓力。

就連日常生活中突然要做某件事時，我們也可以靠一瞬間的「空檔」預防失敗。這種時候，最好不要在進行某項行動的同時製造「空檔」，應該先製造「空檔」，再進行其他的行動。舉例來說，當你要下電車或離開餐廳時，應先暫停自己的行動製造「空檔」，然後檢查座位上有無遺留物品。另外，騎腳踏車時，只要製造「空檔」察看左右來車，就能確保自身安全。

「空檔」可為我們爭取時間，使我們能夠保持冷靜。莫急、莫慌並製造「空檔」，便能幫助我們預防麻煩與事故。

3 乍看之下與自己無關的大麻煩案例

我在「序」中曾提到，二〇一六年一月十五日於輕井澤發生的滑雪團遊覽車翻覆意外帶給我很大的衝擊，促使我決定出版本書。其實不光是這起事故，從以前到現在，每次看到、聽到各種重大麻煩與重大事故的報導時我都很心痛，並且會詳讀每一篇報導。以下就來回顧幾起發生在日本的意外事故。

①二〇〇四年三月二十六日，一名六歲男童遭六本木Hills的自動旋轉門夾死。

②二〇〇五年四月二十五日，JR西日本福知山線發生電車出軌意外，造成一百零七人死亡（參考**照片1－1**）。

③二〇一二年十二月二日，笹子隧道發生天花板崩塌意外，造成九人死亡（參考**照片1－2**）。

④一九八三年至二〇〇六年期間，共發生三十五起家用碎紙機切斷幼童手指的意外（經濟產業省News Release二〇〇六年九月十二日）。

⑤二〇一五年六月八日，一名七歲男童因關在滾筒式洗衣機內而死亡。

⑥二〇一六年一月十五日，輕井澤發生滑雪團遊覽車翻覆意外，造成十五人死亡，其中十三人為大學生（參考**照片1－3**）。

除了上述的案例外，日本還發生過不少慘絕人寰的重大麻煩與重大事故。這六起意外事故的詳細肇因，就交給專家去追究調查了，接下來談談我個人的見解。

①自動旋轉門的意外

這起事故發生之前，日本就發生過幾起民眾遭旋轉門夾傷的意外。然而，或許是因為沒演變成死亡事故，事後相關人士並未認真防止類似的意外再度發生，實在非常遺憾。

碰觸即將關起的門是非常危險的，絕對要避免做出這種行為才對。可是，**有些時候人會以某個目的為優先，採取令人難以置信的行動**。更遑論是小孩子，他們還不懂得控制自己的欲望吧？因此，業者應該將旋轉門設計成無論使用者做出何種行動，都不至於發生最糟糕的狀況。

〔照片1－1〕JR福知山線電車出軌意外　©Jiji Press

〔照片1－2〕笹子隧道天花板崩塌意外　©Jiji Press/Yamanashi Prefectural Police

其實不只旋轉門會發生這種夾傷人的意外，電車或電梯的門也有一樣的風險。

②電車出軌意外

當時日勤教育（譯註：日本鐵路公司對犯錯員工實施的矯正教育，但有報導指出，日勤教育其實是假矯正之名，行職場霸凌之實）的問題鬧得滿城風雨，因此大家普遍認為司機員可能是承受了很大的壓力。其實應該要聽聽該名司機員的解釋，遺憾的是他也在這起事故中喪命，我們再也沒有機會從他口中得知真相。

早在這起事故發生前半年，日本國會就曾批評日勤教育「有可能會導致重大事故」，然而鐵路公司卻沒採取任何改善措施。這同樣是一起理應能夠預先防範的意外事故（參考**照片1-1**）。

③隧道天花板崩塌意外

這起意外事故（參考**照片1-2**）似乎是好幾個原因造成的。其中一個肇因，就是固定天花板的螺栓老化而脫落。

引起我注意的是螺栓的檢查方式。報導指出，檢查人員向來是拿著雙筒望遠鏡，用肉眼檢查數公尺高的螺栓。本來應該採取「打音診斷法」才對，也就是敲打鎖螺栓處，透過聲響診斷有無異常。

我在汽車產業從事品質管理工作許多年，研究過各式各樣的檢查方法。以我的經驗來看，這種時候不該採取目視檢查，因為一般人很難用肉眼看出數公尺高的螺栓有無異常。

當然，若要實施「打音診斷」，就得暫時實施交通管制。但是，人命是無可取代的。

我並不是事後諸葛，這起意外事故同樣十分有可能預先防範。

④家用碎紙機的意外

這種事故已經發生過許多次。為什麼業者不早點採取對策呢？為什麼沒考慮到兒童把手指放進機器裡的情況，採用更安全的設計呢？我認為應該要追究製造商的責任。

除此之外，居家安全也是我關注的焦點。**小孩子好奇心旺盛，要是大人提醒他「不可以碰這個東西喔」，小孩子反而會更想去做不可以做的事。**另外，小孩子一看到縫隙或洞口，就會想把手指伸進裡面。因此，家長必須考量小孩子的習性，做好居家安全措施。

⑤滾筒式洗衣機的意外

遇害的男童似乎對滾筒式洗衣機很感興趣，他可能是在好奇心的驅使下，做出家長料想不到的舉動。

再怎麼方便的工具，也有可能瞬間變成危險的凶器。**意外發生之後，相信大家都會納悶「怎麼會發生這種事」吧。這是因為，我們料想不到這種情況。**就算一再警告小孩子「不要碰」、「不要接近」危險的東西，有時仍敵不過小孩子的好奇心。

家用碎紙機的意外也是如此。另外，據說國外也曾發生兒童攀爬某物，結果掉進直立式洗衣機內的意外。

預想未來的風險，便能「防患於未然」。因此，**我們平常就要訓練自己察覺風險。**

專欄4 提防兒童事故！我們的家其實充滿危險

日本消費者廳曾經分析，零歲～十四歲兒童意外死亡事故的發生傾向。結果發現，意外發生現場的第一名為「住宅」，占整體的百分之三十一（另外，這項分析是統計二〇一〇年～二〇一四年零歲～十四歲兒童的意外事故，不包含地震等自然災害造成的事故）。

原來我們的家出乎意料的危險。要是真的發生意外，一切就無法挽回了。因此，我們不只要防止意外再度發生，更要徹底實施預防措施。

這是因為，家中的狀況一旦改變，有可能害兒童發生意外的事物也會隨之增加。

畢竟大人再怎麼耳提面命，小孩子未必聽得進去，況且家長也不可能無時無刻監視他們。

因此，建議各位不妨參考過去的事故案例，檢查一下家中有無會對孩子造成危險的地方。以下就為各位介紹幾個實際的事故案例。

・被百葉窗的拉繩纏住脖子後摔倒。
・被童裝的兜帽蓋住或被褲子的綁帶纏住而窒息。
・食用雞蛋糕、小蕃茄、堅果類而窒息。
・含著牙刷跌倒。
・誤吞香菸或電池。
・寢具過軟導致窒息。
・把頭擠進椅背與椅面之間的縫隙，頭卡住拔不出來。

除了上述的例子外，勉強能讓一名兒童進入的狹小空間，以及手臂或手指塞得進去的縫隙也要多加留意。只要找出危險的物品與地方，要擬訂對策就不難了。**再小的風險都要注意，這點很重要。**

⑥滑雪團遊覽車翻覆意外

〔照片1－3〕輕井澤滑雪團遊覽車翻覆意外　©Jiji Press

〔照片1－4〕新潟縣中越地震造成的上越新幹線出軌意外
©Jiji Press/The Land, Infrastructure and Transport Ministry's Aircraft and Railway Accidents Investigation Commission

這起滑雪團遊覽車翻覆意外令人相當震驚（參考**照片1－3**）。我在「序」中也曾提到，這起意外事故有幾個值得檢討的地方。例如，遊覽車公司接受低於行情的包車價碼、未確認司機是否適任、沒做好運輸管理、當天發車前未檢查司機的狀況、乘客大多沒繫安全帶……等等，最後才會釀成慘劇。

一九八五年犀川也曾發生滑雪團遊覽車翻覆意外，結果造成二十五人死亡，其中二十二人為大學生。這起意外的直接原因似乎是遊覽車超速行駛，此外也發現司機連續出勤長達兩週，須負管理責任的遊覽車公司因而受到行政處分。不過，如果只追究責任，卻不追查事故的根本原因，依舊無法防止同樣的事故再度發生。

但是，假使相關單位針對犀川滑雪團遊覽車翻覆意外做好矯正措施，仍然無法防止輕井澤的翻車意外吧。這是因為，**雙方的滑雪團遊覽車相關人士及狀況皆不相同。由此可知防患未然有多麼重要。**

最後再介紹一個事故案例。

⑦新幹線出軌意外

這是發生在二〇〇四年十月二十三日，新潟縣中越地震造成的出軌意外（參考**照片1－4**），所幸最後無人傷亡。失敗學權威畑村洋太郎教授，曾在著作《預料「意料之外」！》（暫譯，NHK出版，二〇一一年）中如此寫道：

『當時，報紙在報導這起出軌意外時，使用了「新幹線的安全神話破滅」這樣聳動的標題。報導內容全圍繞著新幹線出軌這件事，卻未探討這起事故的本質。』

『JR東日本記取阪神・淡路大地震的教訓，針對容易發生地震的地區進行橋墩修補工程。當初若沒進行修補工程，載著約莫一百五十名乘客的上越新幹線，就有可能衝撞崩塌的橋桁或橋墩而釀成慘事。』

也就是說，**這其實是一個參考過去的事故案例，做好預防措施而免去一場重大事故的成功案例**。然而遺憾的是，新聞報導並未提及預防措施發揮效用，成功防止慘事發生這點。大概是因為新聞價值不高吧。

假如各位的職場，也有這類記取過去的教訓，擬訂對策預防麻煩的成功案例，請在職場內分享並予以高度肯定。這麼做可以提升大家的動力，讓防患未然活動能夠持續下去。

◇第一章總結

①日本每年有四萬人死於意外事故。我們絕對不能置身事外。

②粗心小失誤與重大事故只有一線之隔。

③有些時候人會做出違反一般常識、令人難以置信的行動。運氣不好的話就有可能演變成重大事故。因此必須做好防範措施，以避免不合常理的行動釀成事故。

④不要忽視日常生活中的小麻煩與小事故，應記取教訓妥善處理，如此就能預防未來的大麻煩。

第二章

引發失誤的人類習性與大腦習慣

本章要解說的是，我們人類的習性與大腦的認知習慣，這兩點被認為是促使人犯錯的原因。

關於這些「習性」與「習慣」，相信各位對照自身的過往經驗後，應該會心有戚戚焉。那麼，我們就一起來看看失誤的基本問題吧！

1 〔習性1〕不願回顧過去

假如過去的失敗或麻煩帶給我們不愉快的回憶，我們就不願意想起、回顧這件事。這是因為人類有著這樣的習性：以「再怎麼反思、回顧，過去發生的事也絕對沒辦法重來」為由，想把不愉快的事忘得一乾二淨。

另外，人類會根據自己的「判斷標準」，評判過去發生的事是好是壞。因此，假如遭到顧客投訴與怒罵，通常就會萌生「不想跟這種顧客往來」、「不想看到顧客的臉」這類否定的想法吧？

但是，請各位稍等一下。這位顧客或許真的很不討喜，但我們可以將這次的客訴當作改善業務的機會，從中汲取教訓。**只要改變「看法」，或許就能將否定的想法轉變成肯定的想法**。

如果不回顧過去的客訴，也許不久的將來會發生更嚴重的客訴，對顧客或公司造成龐大的損害。因此，不要否定失敗的過去，回顧失敗便能打造出零麻煩與零事故的職場。

以前，我去聽東京大學特任教授濱口哲也老師的「失敗學」演講時，濱口老師提到一個重點，就是從「見賢思齊，見不賢而內自省」，進化為**「借鑑過去，改正未來」**。意思就是，**回顧過去的麻煩案例，預想未來的麻煩並且採取對策**。

2 〔習性2〕不去思考不願思考的事，不去看不想看的東西

這個概念跟習性1不同。無論面對的是過去、現在還是未來，我們人類總是「不去思考不願思考的事，不去看不想看的東西」。**這種習性有時會妨礙我們追究真正的肇因，或是對防止再犯與防患未然措施造成阻礙**。

發生某個麻煩時，人通常不會認為責任或許在於自己，而是將責任轉嫁給他人。

舉例來說，假設某公司接到了顧客投訴。這家公司是由業務部負責接單，之後將訂單內容傳給配送中心。配送中心再從倉庫取出該件商品，包裝好後就送到顧客手中。但是，某天業務部卻接到顧客投訴，指責他們送錯了商品。

遇到這種狀況時，各位會怎麼處理呢？以下是壞例子與好例子。

●壞例子

業務部並未檢查自家部門的訂單紀錄，直覺認定是配送中心送錯商品。於是立刻指示配送中心：「昨天的訂單送錯了商品。請趕緊將正確的商品送到顧客手中，並調查送錯商品的原因。」

●好例子

業務部接到顧客投訴後，先向顧客確認訂購的商品。查看訂單紀錄後發現，原來是訂單內容有誤。於是，業務部立刻將正確的訂單內容傳給配送中心，並且說明緣由，指示他們配送正確的商品。除此之外，還調查業務部的訂單內容為何有誤，並與部門成員分享調查結果，然後實施防止再犯措施，防止同樣的失誤再度發生。

從以上兩個例子可知，人往往不認為問題出在自己的部門，反而怪罪其他部門。

不過，**把責任轉嫁給其他部門之前，我們應該先調查自己的部門是否有問題。另外，考量到業務的流程，先從上游部門調查原因的話會更有效率**。在這個例子中，業務部即是上游部門，配送中心則是下游部門。

3 〔大腦的習慣1〕只注意局部

首先請看**圖**2－1。各位認為A與B這兩個梯形的上底，何者看起來比較長呢？一般都會覺得A看起來比較長。相信各位已經注意到了，A和B的上底其實一樣長。既然如此，為什麼A會看起來比較長？

這是因為我們的「大腦」一旦認識到**圖**2－2的虛線部分，就不會去注意整個梯形，所以才會判斷A比較長。

圖2－1

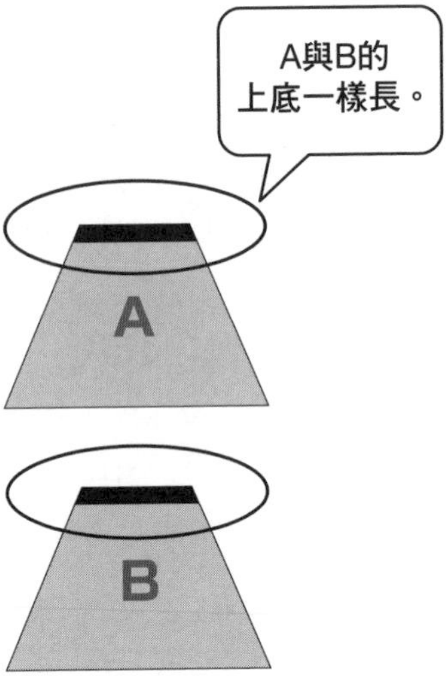

圖2－2

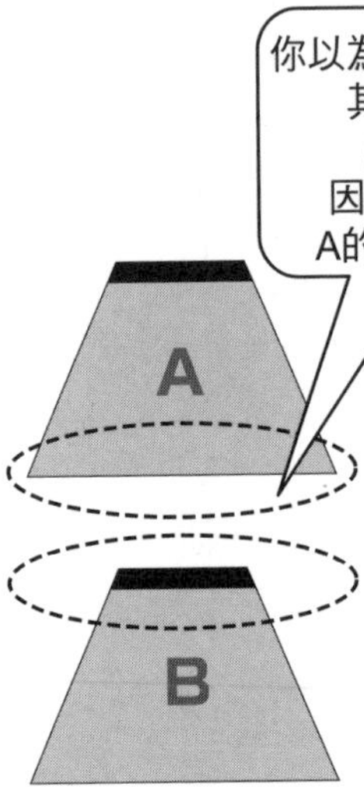
你以為自己看著整體，
其實你只看到
這個部分。
因此，你會覺得
A的上底比較長。

請看另一張圖，**圖2－3**也可說是一樣的情況。這個圖案通常被稱為「奈克方塊（Necker Cube）」。各位覺得a與b何者看起來比較前面呢？假如你覺得a在前面，就會忽略b在前面的可能性。換句話說，如果你注意其中一方，就會忽略另外一方。

這兩個例子可以算是錯覺，也可以視為人類的大腦習慣。**我們總以為自己看著整體，但實際上我們只看到了其中的一部分，因此要當心。**

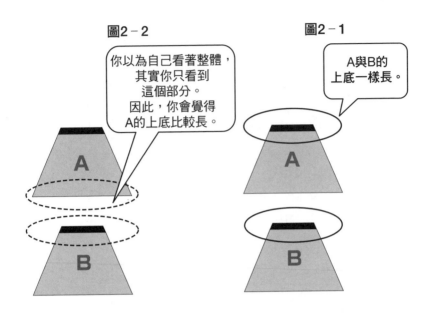

4 〔大腦的習慣2〕連結過去的記憶

有些時候我們會受到過去的記憶影響，無法正確認識現在發生的事。

舉例來說，假如之前曾發生客訴，現在又接到同一名顧客的投訴，即使兩次的投訴內容並不相同，我們也會先入為主地認為內容一樣，帶著誤解處理這次的客訴。

圖2－3

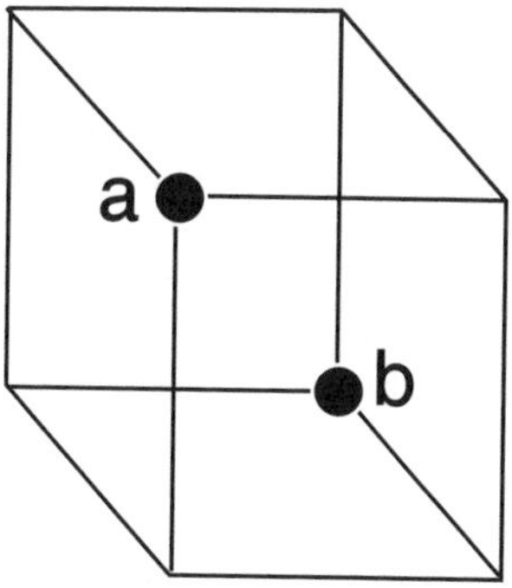

就像這個例子一樣，相信各位也有過幾次「誤會」、「想錯」的經驗。你之所以「誤會」、「想錯」，是不是受到過去的記憶影響呢？

另外，發生某個麻煩後，我們必須回頭檢視過去有無發生同樣的麻煩。**此時最重要的是，要清楚掌握過去與現在的麻煩有何共同點、有何差異（變更點）**。

切記，不要將「似是而非的東西」視為相同的狀況。

5 〔大腦的習慣3〕只思考意料之中的事

失敗學權威畑村洋太郎教授，曾在著作《預料「意料之外」！》（NHK出版，二〇一一年）中如此寫道：

『人類要思考某件事時，得先決定思考的領域才有辦法想事情。』

文中提到的「決定思考的領域」，即是假設某個範圍。然而遺憾的是，麻煩與事故大多發生在意料之外。每次發生事故時，我們常常會聽到「沒想到會發生這種事」這句話。

好比說前述的滾筒式洗衣機意外案例，家長肯定沒想到男童會跑進洗衣機裡吧？既然是意料之外的情況，那就沒辦法了，下次要注意……假如這樣就能解決問題的話倒也罷了，但若等到麻煩或重大事故真的發生，一切就太遲了。

那麼，該怎麼辦才好呢？我會在後面的章節解說對策，現在請各位先記住，麻煩與事故大多發生在人的意料範圍之外。

任何人在展開某項活動時，都會先劃線決定活動範圍，這很正常。但是，只要麻煩與事故有可能發生在意料之外，我們就需要準備因應措施。

「要決定意料範圍是無妨，但也要提防意料之外」的想法，乍看之下很矛盾，不過別擔心。我們的身邊有許多過往的案例，只要從中學習，即便是原本視為意料之外的狀況，我們也有辦法預料及應付。

關於這個部分，我將在第三章的「第三階段⑬預料『意料之外』」中詳細解說。

◆第二章總結

①人類的習性與大腦的認知習慣，會使我們誤會或想錯，繼而引發失誤。

②發生在我們身邊的麻煩與事故絕大多數為人禍，也就是人的失誤所造成的。反過來說，麻煩與事故的明確肇因就是人。只要針對這個肇因實施對策，就能夠防患於未然。

③發生麻煩或事故時，常會聽到「怎麼可能」、「沒想到會發生這種事」之類的話。其實，即便是原本視為意料之外的領域，我們也有辦法預料並擬訂對策。

第三章

分三階段處理失誤造成的麻煩

（緊急處理、防止再犯、防患未然）

本章要解說的是，麻煩發生之後應實施的三階段處理，亦即「緊急處理」、「防止再犯」以及「防患未然」。

第一階段 麻煩發生之後的緊急處理

一旦發生麻煩，我們得先「發現麻煩」，然後「不要掩蓋麻煩」、「了解麻煩的事實」、「立即處理麻煩」、「不把麻煩丟給承辦人處理」，這很重要。

1 發現麻煩

首先必須發現麻煩發生了。假如是客訴，由於我們會接到顧客的聯絡，因此自然能夠立刻發現問題，但若是公司內部的狀況，除非有人發現，否則麻煩很可能會被擱置不管。

所謂的麻煩，就是目前的狀態與應有的狀態（正常狀態）之間的「差」。因此，若要發現麻煩，團隊就得時時掌握應有的狀態，並將現狀「可視化」才行。

反過來說，如果搞不清楚應有的狀態，或是未能正確掌握現狀，就無法發現麻煩。

舉例來說，假設我們必須在今天下午五點，向客戶A公司提出報價單。如果沒在當天下午五點提出，就有可能演變成麻煩。

在這個例子中，我們若要發現問題，就必須讓全體成員得知應有的狀態，亦即「今天下午五點，要向客戶A公司提出報價單」，並將是否已提出報價單之事實「可視化」，然後讓所有人都曉得才行。

2 不要掩蓋麻煩

斥責犯錯的當事人，有可能導致問題遭到掩蓋。假如各位發現業務方面的麻煩，而且還是自己的失誤造成的，這時你會怎麼做呢？首先應該要向上司報告對吧？

可是，如果上司很愛生氣，一般人通常就不會想跟他報告。然而不向上司報告，想要自行解決問題的話，往往都會進行得不順利，結果反而演變成更大的麻煩。

反之，假如各位的下屬因犯錯而引發麻煩，當對方向你報告這件事時，你又會怎麼處理呢？此外，如果對方並非第一次犯錯，我想你應該會滿腔怒火地說：「又是你啊，為什麼老犯同樣的錯？到底要我提醒幾次你才會懂？」

但是，請各位稍等一下。我可以體會你想要發怒的心情，可要是擺出這種態度，不難想像麻煩會遭到掩蓋。更何況，**第一次犯錯或許是當事人的問題，但連續犯同樣的錯，這就是組織的問題了，而且上司也有責任，希望各位明白這點**。

除了害怕挨罵而掩蓋問題外，還有另一種情況是狀況發生後未能立即報告。如果太晚報告，就算你不是故意的，依舊等於是在掩蓋問題。

以前我曾在中國的工廠擔任負責人。工廠做好產品後，會先進行出貨前的檢查，之後再透過船運將貨送到日本的客戶手中。某天員工檢查時發現品質有問題，但產品還是送到日本了。直到出貨三天後，我才得知這件事。

我把生產製造主管找來，質問他「為什麼不早點向我報告」。結果對方回答：「每次報告時，你總會問我原因是什麼、有什麼對策，所以這次我就先調查原因了。」

每次發生麻煩後，下屬來報告時我絕對不會斥責對方，因此工廠並無掩蓋問題的風氣。但是，聽取最初的報告時，我總是忍不住詢問對方原因與對策。注意到這點後，我深深地反省自己。

麻煩發生之後，一定要立刻向上司報告。因此，上司要率先做個好榜樣，展現包容的態度，平時就要不斷告訴下屬：**「無論是多小的麻煩，一旦發現就要立刻報告，不可以隱瞞，之後再去追究原因及擬訂對策。要以緊急處理為第一優先，別給顧客造成困擾。解決問題後，再與團隊一起檢討原因與對策，努力防止再發生並防患於未然。」**

專欄5 誠實坦白可防止問題發生

某天下午六點左右，在製造現場負責出貨前檢查的A對上司這麼說：「對不起。可能有NG品不小心放進箱子裡，請讓我重新檢查一次。」

出貨場已堆了一百多個裝著成品的箱子，明天早上八點要用貨車載送給顧客。檢查一個箱子要花十分鐘以上，一個人檢查的話就會趕不上明天的出貨時間。

於是上司趕緊找來兩名幫手，自己也一邊指揮一邊幫忙檢查。重新檢查後，果真發現了NG品，並勉強趕上了第二天早上的出貨時間。

第二天開早會時，上司當眾這麼說：「A很誠實地坦承自己檢查失誤。雖然重新檢查很累人，不過多虧有兩名幫手的協助，才沒讓客戶收到不良品，成功預防了客訴的可能性。請大家鼓掌，向鼓起勇氣坦白的A表示敬意。」

上司接著又說：「關於這次的檢查失誤，用不著我提醒，A已經深刻反省過了。為避免日後檢查時又發生同樣的失誤，也為了將來著想，我決定實施防止再犯措施及防患未然措施，希望大家能夠配合。」

這即是一個誠實坦白，並成功預防客訴的好例子。

【附注】當然，上司是個別找A談話。切忌當眾對當事者說教，這樣會傷了對方的自尊心。

3 正確了解麻煩的事實

我們必須正確了解事實，搞清楚到底發生了什麼麻煩。要是搞錯了，我們就會用錯誤的方法處理問題，之後還會妨礙我們查明原因。所以說，**第一步要先正確地掌握麻煩的事實，這點至關重要**。

若要掌握麻煩的事實，就該到發生麻煩的現場親自確認。如果只是在遠離現場的會議室裡聽取報告，很有可能會產生誤解。

這裡就為各位介紹一個案例。

某家制服出租公司將制服出租給顧客後，都會定期回收顧客穿過的制服，洗乾淨後再送到顧客那裡。

某天，顧客打電話給業務承辦人，抱怨該公司「**送錯制服**」。承辦人透過電子郵件與配送中心聯繫，然後只根據郵件內容，判斷是「**因為搞錯顧客標籤才會送錯制服**」，並向身為上司的課長報告（參考**圖3－1的「錯誤的客訴資訊」**）。

課長為了查證報告內容，便跟承辦人一起前往「現場」，也就是配送中心。他們在現

圖3－1　客訴資訊

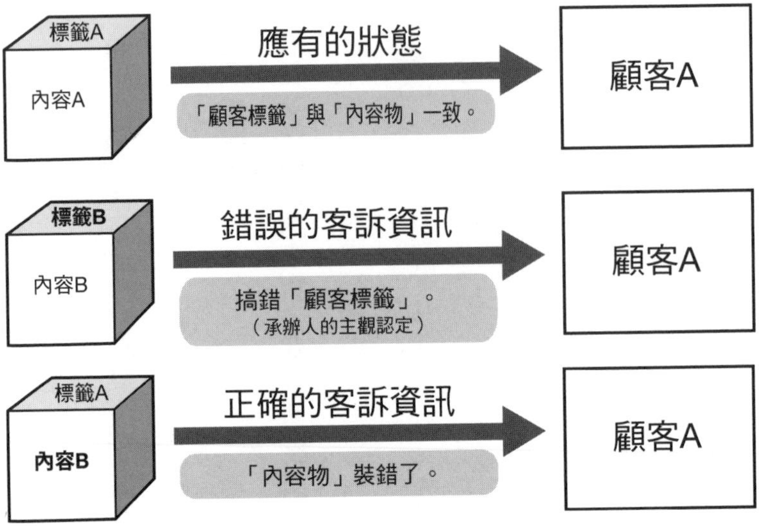

場親眼看到送錯的實物，查明了以下兩件事。

・**顧客標籤是對的。**

・**內容物是錯的**（參考**圖3－1的「正確的客訴資訊」**）**。**

這時才發現，未檢查現場的承辦人向課長報告的內容其實是錯誤的。

換句話說，他並沒有正確掌握麻煩的事實（參考圖3－1）。

如果沒有正確掌握事實，之後就有可能用錯誤的方式處理麻煩。以這個例子來說，不光是送錯的商品有問題，其他的存貨也可能裝錯內容物。真是這樣的話，以後就會一再發生同樣的麻煩。

・搞錯顧客標籤。

・顧客標籤是對的，但內容物是錯的。

麻煩的事實是前者還是後者，不但會影響善後方式，兩者的原因與對策也都不一樣。

此外，既然這次的事實是「顧客標籤是對的，但內容物是錯的」，那就需要再進一步調查，為什麼顧客標籤是對的，卻還是送錯商品。

於是，課長接著在現場比較顧客租借的A商品，以及送錯的B商品。結果發現，A商品與B商品十分相似。這樣一來，課長就能根據這項事實，追查出正確的原因，並且順利執行防止再犯措施。

假如課長並未親赴現場，只是坐在會議室裡根據承辦人的報告來判斷，就會採取錯誤的對策吧。**若想正確解決麻煩，就必須到現場了解麻煩的事實**。

專欄6　麻煩發生在現場

「案件不是發生在會議室裡，而是在現場。」

這是電影「大搜查線」中，主角青島俊作巡查部長（織田裕二飾演）的經典臺詞。案件發生在現場，幹部卻只顧著在會議室裡開會。案件真的能在會議室裡解決嗎？

只要沒正確掌握事實，就無法找到破案的線索。刑警劇中經常出現「現場百遍」這句臺詞，意思是當搜查陷入瓶頸時，想找出破案線索、犯人的遺留物或是搜查頭緒，就必須不斷調查犯罪現場，因為事實就存在於現場。

言歸正傳，我們來談談發生在職場內的麻煩吧！若把刑警劇中的「案件」置換成「麻煩」，便會發現兩者的觀念是相通的。發生麻煩時，我們也常常在會議室裡討論及解決麻煩。

然而，這樣是無法掌握事實的。麻煩也跟案件一樣，不是發生在會議室裡。**我們必須仔細觀察發生麻煩的現場。如此一來，我們才有辦法正確地著手查明原因。**

我在國內外實施、指導過不少現場改善專案。每次推動改善時，我總是這般說明

「現場」的重要性：

①「現場」＝「現」＋「場」，「現」即是實現，「場」則是場所。

②換句話說，現場就是「實現」我們訂定之計畫或程序的「場所」。

③現場不單指場所，還包含在那裡工作的人。

④不光是製造現場，凡是執行實務的地方都算是現場。舉例來說，物流的現場就是倉庫與配送中心，設計的現場就是繪製設計圖的地方。

品質管理領域中有個詞叫做「三現主義」，意思是要親赴「現場」，觀察「現物（實物）」，掌握「現實」。因為有三個「現」字，故以此稱之。我們要時時保持尊重現場的態度，這點很重要。

不過，我的意思並不是要你對現場百依百順、唯命是從。現場如果有錯就該確實改正，不過，**與現場常保信賴關係的話也能夠預防問題發生**。

4 早期處理麻煩

若要早期處理已發生的麻煩，就得採取以下三個步驟。

①一旦發生麻煩就要立刻處理

無論公司內部還是外部的麻煩都是如此。如果放著麻煩不管，這個麻煩就有可能會引發另一個麻煩，甚而失去他人的信賴。如此一來，就得浪費龐大的成本與時間補救，最糟還可能失去顧客。發生麻煩時，迅速處理不僅能恢復他人對你的信賴，說不定還能讓對方更加信賴你。

②找出跟有麻煩的商品（服務）類似的商品（服務），評估發生麻煩的可能性

發現一個麻煩後，必須正確掌握事實，並進行應急處理。至於處理的對象，除了有麻煩的商品外，也包含與之相關的東西。拿前述「送錯制服」的例子來說，除了更換送錯的商品外，還要檢查庫存裡所有的標籤A商品與標籤B商品，確認內容物是否正確。如果內容物有錯，就更換成正確的商品。

另外，如果有其他的類似商品，其內容物也有可能放錯。若要避免這個風險，就得針對存貨進行總檢查。請發揮「見賢思齊，見不賢而內自省」的觀念，採取**「借鑑其一，改正其他」**之行動。

總而言之，**重點就是要把一個麻煩當作教訓，發現並處理類似的麻煩（風險）**。儘管這只是個小小的行動，依舊可以防範麻煩於未然。因此，請各位平時就要養成習慣，再小的風險都不要放過。

③在工作的上游發現麻煩

這麼做可將處理麻煩的成本降到最低（削減成本）。

這裡以製造業為例，不過其他產業的觀念也是一樣的。請各位參考工作的整體流程，將這個例子置換成自己的業務。

假設有家公司承包製作訂製品，他們的製造業務流程如下：

①跟顧客**簽約**。
②根據契約進行**設計**。
③按照設計圖**製作**產品。
④將做好的**產品**交給顧客。

第1章 第2章 第3章 第4章 第5章 第6章 資料篇

【附注】①是工作的最上游，④是最下游。

當顧客端發現不良品時，處理麻煩所花的成本最大（參考圖3－2）。這時得浪費許多成本和時間，修補製作的物品，最慘還得重新製作。不僅如此，還有可能延遲交貨，連顧客端都蒙受相當大的損失。

這裡說的不良品有兩個意思。第一個意思是指，所有不符合契約中顧客要求事項的東西。另一種情況則是，顧客的要求事項不清不楚。顧客與製作公司雙方各以對自己有利的觀點解讀要求事項，因此直到實際看見完成的產品時，顧客才發現成品不符合自己的要求。其實這種要求不明確的問題，常常要等到最後才會發現。

如果沒發生麻煩的話當然最好，假使發生麻煩，也要將損害降到最低。我們就來看看①～④各個程序應著眼於哪些部分，才能將損害降到最低。

①簽約時

不消說，契約內容要清楚明確。因此，**已達成協議的顧客要求事項必須全部明文化**。

圖3－2　各業務工程的麻煩處理費用

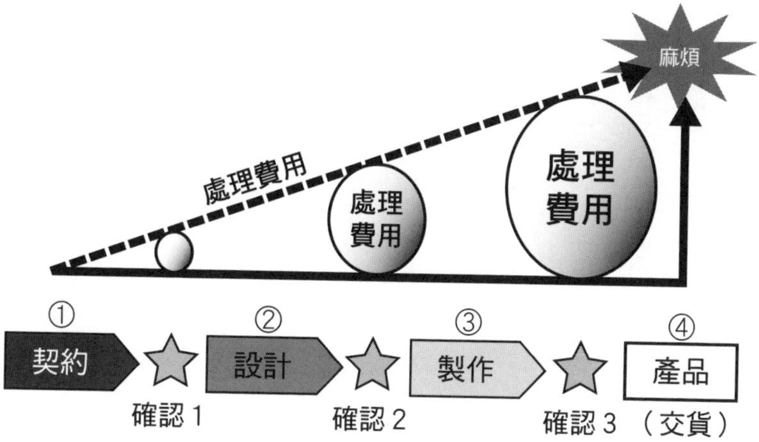

顧客往往會提出過度的要求。至於製作公司的業務員，有時也會因為太想接到訂單，而答應辦不到的事或尚無實績的事。

若要避免這種情況，銷售部門就得跟技術部門討論，如果認為自家的公司辦不到該項要求，就該向顧客提出其他方案。

雙方已達成協議的要求事項通常會加進契約裡，但未達成協議、模稜兩可的內容有時會被擱置不理。這類不明確的內容有可能在日後引發麻煩。

因此，如同下述，**除了達成協議的內容之外，未達成協議或無法同意的事項，最好也要清清楚楚地列出來。**

・**契約範圍**（Scope of Work）　執行的內

容，或是產品的規格

・契約範圍外（Out of Scope） 不執行的內容，或是產品不採用的規格

除了產品這種有形之物外，像服務這類無形的商品也該在契約裡載明這兩個部分。

②設計時

雖然要製作的是訂製品，但除非是首次訂做、新奇性高的產品，要不然大多不會重新設計，通常都是借用以前受理過的類似產品設計圖。擬定契約書時也是如此。

其實不光是設計，其他職種也常會借用以前的文件。假如我們能在這時發現並解決風險，花費的成本與時間就會比事後處理來得少。

此時要注意的是，必須按照項目清清楚楚地逐一列出，借用的舊產品與這次訂製的產品，兩者的「共同點」與「相異點」。

關於相異點，不要只著眼於產品，顧客資訊也要記下來。即便製作的產品跟以前的一樣，假如顧客不是同一人，就要記下該顧客的特徵。舉例來說，只要知道某顧客對外觀很吹毛求疵，就可以在事前採取細痕檢查之類的措施。

③製作時

這個階段是在自家公司進行的最後工程。也就是說，在這個階段之前就算發生麻煩，也能在自家公司內處理，不會給顧客造成困擾。有時我們很難在設計階段以前看出產品的實際形狀，製作之後才發現有問題。

有些時候，則是在製作過程中，發現設計不良或是產品本身有瑕疵的狀況。無論是多小的瑕疵，都要回報給設計部門。這種時候，**建議你不要直接聯絡承辦人，應透過公司內部的正式聯絡管道，由製造部門與設計部門互相交換資訊**。如有必要，請你也把銷售部門一併拉進來。假如直接聯絡承辦人，有可能會因職位高低而無法及時處理。

對設計部門而言，由於設計圖早已完成並交給製造部門，即使之後收到回報的訊息，他們也有可能不太願意採取行動。假如設計部門忙得不可開交，更有可能延後處理收到的瑕疵回報。

不過，**就算這個階段要處理瑕疵回報得花時間，花費的時間與成本還是遠低於麻煩發生在顧客端的情況**。請務必將製造部門回報給設計部門的資訊記錄下來，作為公司內部的正式資料。這些紀錄必須要有各部門負責人的簽名或蓋章。

另一件很重要的事是產品完成後的出貨前檢查。此為最終檢查，目的是確認成品是否符合顧客的要求事項。檢查時，如果不只製造部門，連銷售部門及設計部門也在場的話，**就能從第三者的角度檢查成品，提高發現麻煩的機率**。

這個時候要記得留下檢查紀錄。這份檢查紀錄也需要簽名或蓋章，以證明相關部門的負責人承認此次的檢查結果。至於這份紀錄是否要交給顧客，則視契約而定。

再強調一次，這個階段是能在公司內處理麻煩的最後「堡壘」。因此，在產品交貨之前一定要妥善處理問題，以免交貨後才讓顧客發現狀況，這點很重要。

④交貨時

在這個階段，由於產品已交給顧客，要是發現瑕疵的話就得花費相當大的成本。如果不希望這個成本繼續加大，交貨時有件事非做不可。那就是：**於顧客及製作公司都在場的情況下，檢驗產品的品質**。

假如雙方檢查後確定沒有問題，就可以交貨完成這筆訂單。不過，有些產品需要試運作，因此可能要多花一點時間才能交貨。

較不理想的情況是，交貨後過了很長一段時間才接到顧客投訴。如此一來，就得花費時間與成本確認事實，處理客訴也得花一筆費用。還有一種不理想的情況是，搞不清楚產品的瑕疵到底是顧客還是製作公司造成的，不曉得責任在誰身上。已發生的麻煩當然得處理才行，但若想盡可能壓低處理成本，就必須做好防範措施。

5 上司別把麻煩丟給承辦人處理

麻煩發生時，正是實施ＯＪＴ（On the Job Training：在職訓練）的好機會。建議上司在接到承辦人的報告後，別把麻煩丟給承辦人處理，而是身先士卒帶頭解決麻煩。

拿本章第一階段介紹的制服出租公司案例來說，假如上司把麻煩全丟給承辦人解決，最後就會採取錯誤的對策。

此外，從承辦人的角度來看，上司跟自己一起解決麻煩的話，承辦人會覺得心裡有倚仗。在實務上，由於承辦人能夠實地學習如何解決麻煩，這麼做也能增加承辦人的幹勁。

不過，要是課長向經理報告：「這次的客訴是下屬的失誤造成的，真的很抱歉。我會好好訓斥下屬，日後應該不會再發生這類客訴。」結果會怎麼樣呢？

這麼做有可能引發以下兩個問題。

①要是下屬得知報告內容，便會認為課長分明也有責任，卻把錯全怪到自己身上，工作動力也會因此下滑。

②從經理的角度來看，教育下屬是課長的責任，他卻未能克盡己職，因此會降低對課長的評價。

如果只是在公司內說這種話倒也罷了，要是課長用這套說詞向顧客賠罪，對方搞不好會拒絕跟他往來。

希望各位上司要把下屬的失誤當成自己的失誤，親自帶領下屬解決問題。

◇第三章 第一階段總結

①麻煩發生之後的緊急處理重點為：發現麻煩、不要掩蓋麻煩、了解麻煩的事實、早期處理麻煩。

②上司應身先士卒帶頭處理麻煩，不要丟給承辦人解決，這也是讓下屬實地學習如何處理麻煩的機會。

③以火災來說的話，就是要先盡全力滅火。

第1章 第2章 第3章 第4章 第5章 第6章 資料篇

第二階段 防止麻煩再發生的預防措施

所謂的防止再犯措施，就是避免以前發生過的麻煩或事故再次上演的對策。雖然防止再犯與防患未然是兩種不同的概念，不過前者是讓後者成功的重要活動。若要防止問題再度發生，就得追究原因，擬訂並執行對策，然後檢驗對策的成效。

【追究原因篇】

1 該找的不是禍首，而是肇因

發生麻煩或事故時，通常都會先追究引起麻煩的人是誰、誰該負起責任。一旦發生重大事故，警方便會展開搜查。不過，就算警方確實完成搜查，也未必能夠防止事故再度發生。這是因為警方實施搜查的目的是追究責任，而非防止事故再度發生。

當然，我們有必要知道麻煩或事故的當事者是誰。不過，目的並不是要追究責任予以處罰，而是為了向這些人詢問事發經過以找出肇因。因此，發生麻煩或事故時，建議各位不妨成立原因追查小組，追究麻煩或事故的肇因。小組成員當然不可缺少當事者及相關人士，當事者的上司則適合擔任組長。

進行小組活動時，**當事者應拋開內疚的心情，既然自己引發麻煩給大家造成困擾，那就更該協助大家追查原因，以免同樣的問題再度發生。這是當事者應有的重要心**態，希望周遭的人也要用這樣的態度看待當事者。

另一個重點是，**追查原因時，不要拘泥於當事者的特徵、性格，或是當事者過往的失敗案例**。這是因為，如果拘泥於這些要素，小組就有可能抱著「都怪他又犯錯」的想法，只找出個人肇因就滿足。這樣一來，小組有可能不會發現組織或機制的問題，也無法查明根本原因。

追查原因時，請把焦點放在麻煩或事故上。

2 直接原因與根本原因

表面上的肇因稱為「直接原因」，真正的肇因則稱為「根本原因」。另外，根本原因翻譯成英語就是「Root Cause」。Root有「根源」的意思，所以才這麼稱呼。至於根本原因分析，英語稱為RCA（Root Cause Analysis），品質管理類的專業書籍通常都有RCA的解說。

本節就介紹一個案例。一輛直行車在有號誌燈的十字路口，與右轉車發生擦撞。這起擦撞事故的直接原因是直行車的駕駛沒注意號誌燈。

假如肇因是「沒注意號誌燈」，那麼防止擦撞事故再度發生的防止再犯措施，即是「今後一定要看清楚號誌燈」。請問，這項防止再犯措施是否足以防止擦撞事故再度發生呢？

光靠這項措施是不夠的。若想防止事故再度發生，除了要釐清麻煩或事故的直接原因，**追究根本原因也很重要。這是因為，我們無法從直接原因導出正確的防止再犯措施。**

其實，不僅職場發生的麻煩需要追究根本原因，在品質管理專業領域中這項行動同樣極為重要。著名的生產觀念「豐田生產模式」，即推薦連續問五個「為什麼」來追究根本原因。

據說當問題發生時，只要連續問五個「為什麼」，就可以找到根本原因。不過，我的重點不在於問五次，**而是只要不斷地問「為什麼」，就有機會從直接原因找到根本原因**。

回到前述的交通事故案例。「沒注意號誌燈」是這起擦撞事故的直接原因，那麼根本原因是什麼呢？為了找出根本原因，我們試著問問看「為什麼」。

這項分析要從掌握麻煩或事故的現象開始進行。

- **事故現象**　一輛直行車，在有號誌燈的十字路口，與對向車道的右轉車發生擦撞。
- **為什麼1**　為什麼發生擦撞？➡因為沒注意到黃燈變成紅燈。
- **為什麼2**　為什麼沒注意號誌燈？➡因為注意力沒放在號誌燈上。
- **為什麼3**　為什麼沒把注意力放在號誌燈上？➡因為手機響了，分散了注意力。

・**為什麼**4　為什麼手機響了？➡因為手機沒切換成駕駛模式。

・**為什麼**5　為什麼沒切換成駕駛模式？➡因為平常的時候就沒有切換成駕駛模式的習慣。

這種連續問「為什麼」的方法其實是需要訓練的，不過各位不必想得太嚴肅，只要試著拋出簡單的疑問即可。由於這個方法也需要客觀觀點，團體進行應該會比自問自答好。

不知各位讀者是否有這樣的疑問：到底要問幾個「為什麼」才好？這個問題並沒有正確答案。雖然回答出來的內容就是「原因」，但那到底是直接原因還是根本原因，必須根據該回答（原因）試想對策案，然後再自行判斷。**如果對策案能讓你覺得「作為防止再犯措施是合格的」，這個回答就是根本原因。團體進行這種問答時，只要大家都有這種感覺就OK了。**

那麼，我們就用這個案例體會一下那種感覺吧！請各位根據原因思考對策。

・**為什麼**1　因為沒注意到黃燈變成紅燈➡日後要小心，別漏看號誌燈。

・**為什麼**2　因為注意力沒放在號誌燈上➡要把注意力放在號誌燈上。

・**為什麼**3　因為手機響了，分散了注意力➡就算手機響了，也要把注意力放在號誌燈上。

・**為什麼**4　因為手機沒切換成駕駛模式➡開車時要把手機切換成駕駛模式。

・**為什麼**5　因為平常就沒有切換成駕駛模式的習慣➡養成把手機切換成駕駛模式的習慣。

看了這五種從「為什麼」導出的防止再犯措施後，各位覺得如何呢？

「為什麼1」到「為什麼3」幾乎稱不上對策。「為什麼4」似乎勉強可以防止事故再度發生，但只實踐一次「把手機切換成駕駛模式」是沒用的，必須養成習慣才行。就這層意義來看，從「為什麼5」導出的對策應該能有效防止事故再度發生。

因此，歸納以上內容後可知，**「為什麼1」到「為什麼3」算是直接原因，「為什麼4」與「為什麼5」可算是根本原因。這種藉由連續問為什麼來尋找根本原因的方法，稱為「五個為什麼分析法」**。請各位先用身邊的例子，與職場夥伴一起體驗看看這種「五個為什麼分析法」。

專欄7　按錯按鈕

假設這裡有A和B兩個按鈕，本來應該按A，結果卻按成B。假如我們單純認為原因只是不小心按錯，就沒辦法擬訂並執行足以防止再發生的防止再犯措施了。

追究根本原因時，我們可將這個失誤分成以下三種情況。

①把B看成了A（**確認錯誤**）。

②誤以為應該按B（**判斷錯誤**）。

③本來要按A，結果卻手滑按成了B（**動作錯誤**）。

人要展開某個行動時，都是按照確認↓判斷↓動作這三個步驟進行。犯下失誤時，只要查明是哪個步驟錯了，要追究根本原因就不難了。

以這個例子來說，①②③的根本原因皆不相同，對策當然也不一樣。因此，必須釐清按錯按鈕的失誤屬於三者中的哪一種情況。追查出根本原因後，再去擬訂及執行防止再犯措施。

3 何謂失誤

追查麻煩或事故的原因時，往往會發現麻煩或事故大多起因於人的失誤。

本節就來探討一下何謂失誤。失誤又稱為人為疏失，其現象不外乎是未遵守定好的規則，或是該做的事沒有執行。那麼，失誤有哪些種類呢？

追究原因時，請別籠統地用失誤二字帶過，應調查是哪種失誤。因為失誤的種類不同，應採取的對策也不一樣。

坊間的專業書籍對於失誤有各式各樣的分類方式，本書則將失誤分成以下四個種類。

①不知道，或是知道但做不到（知識或技能不足）

通常進行教育訓練（內容依據業務處理準則或說明書）或在職訓練時，都會告知員工公司內部的規定。

但是，就算聽過這些規定，我們也有可能忘記或想不起來。另外，從其他部門調過來的人，也有可能不清楚新部門的規矩吧？

因此，我們必須徹底做到「不知道的事不要做」、「沒把握的事一定要確認」。有句俗諺說「求教是一時之恥，不問乃終身之羞」，請教他人一點也不可恥。**「事到如今不敢問人」、「不能問無聊的問題」這種氛圍有可能引發失誤。若要避免失誤，就得努力營造出任何問題皆可發問的氛圍。**

②知道卻故意不做（違反、不要緊感）

這種情況可在資深老鳥或自信過剩的人身上看到。舉例來說，各位是否曾在限速三十公里的道路上，以時速四十公里以上的速度行駛呢？反正路上行人不多，**再說就算有什麼突發狀況，自己隨時都可以停車——這種「不要緊感」也是人類的習性之一。**

速度限制設為時速三十公里有它的道理在。因此，就算自己的駕駛技術再好也不可以違規。職場的規定也是一樣。**如果職場規定不易遵守，請進行團體討論，修改規定讓大家容易遵守。**

③忘記

這是很常見的失誤。例如在職場上，忘記上司的指示、想不起初次見面的人叫什麼名字，或是在家中忘記鑰匙擺在哪裡、忘了跟孩子約好出遊的日子。

圖3－3是艾賓豪斯遺忘曲線（The Ebbinghaus Forgetting Curve）。心理學家艾賓豪斯請受試者記下許多毫無意義的三字母組合，再調查他們的遺忘速度有多快，最後從實驗結果得出此一曲線。

我們平常接觸到的資訊大多是有意義的，因此記得的比例應該會比這個曲線高一點。

不過，就算我們當下認為自己記住了，之後依然會慢慢忘記。為什麼人會忘記呢？**其實我們的腦中，有兩個保存記憶的地方，分別是短期記憶與長期記憶**。

短期記憶的容量很小，記憶的保持時間非常短暫。但是，**只要反覆儲存短期記憶，記憶就會轉移到長期記憶。請參考圖3－4**。

相信各位都記得自家電話、手機、公司電話等數個電話號碼，以及工作上常用的數值。這是因為，這些數字都變成長期記憶保存下來，我們才記得住。

不過，各位應該也有過叫不出理應記得的人名，或是一時想不起某事的經驗吧？就算記憶已變成長期記憶也不能掉以輕心。**人的記憶是很不可靠的，我們應該要有這個自覺，並且做好對策**。

圖3－3　艾賓豪斯遺忘曲線

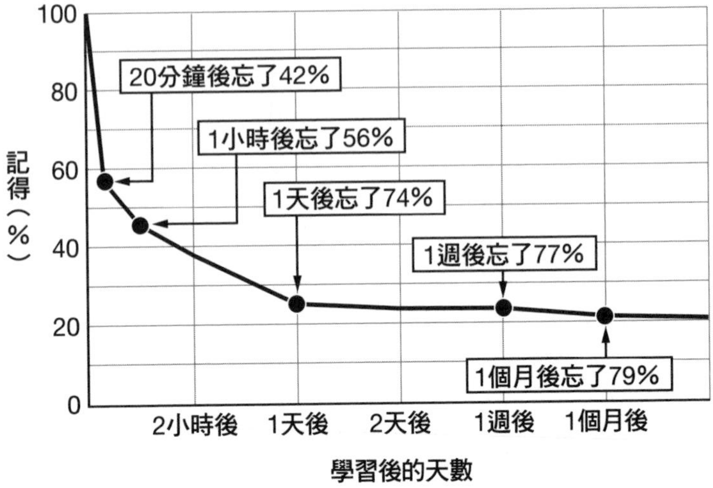

④錯覺、誤會、主觀認定

錯覺、誤會、主觀認定雖然字面上不同，不過請各位將這三者視為相同的現象。這種現象是起因於第二章介紹的「大腦的習慣」。除此之外，我們也可能受當下的心理狀態影響，產生錯覺、誤會或主觀認定，繼而引發失誤。

這種失誤引發的麻煩或事故，最後會成為笑話一則，還是演變成重大事故，兩者只有一線之隔。我認識的一位朋友，某天醉醺醺地走在電車月臺上。他沒發現月臺的某一段變窄了，以為寬度都是一樣的，結果就摔了下去。

幸好當時電車還沒來，人也沒撞到要

圖3－4　艾賓豪斯遺忘曲線與復習的關係

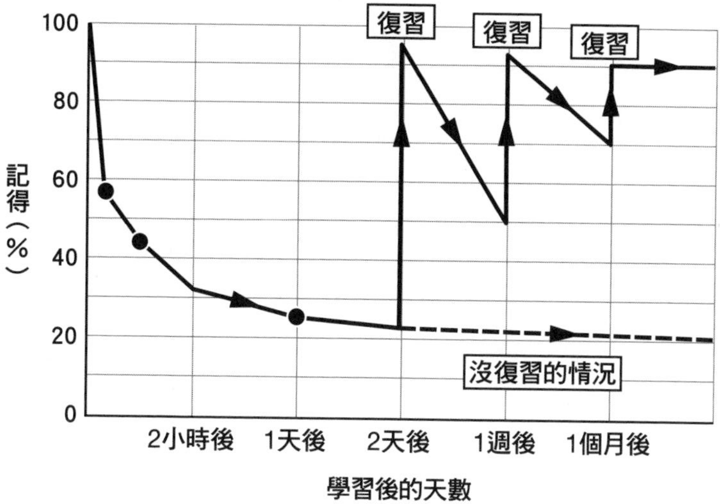

害，只受了一點皮肉傷。事後，那位朋友還語帶玩笑地跟我說明當時的情形。假如當時電車剛好進站，我或許就沒機會聽那位朋友親自說明了。

發生這種因錯覺、誤會、主觀認定造成的麻煩或事故時，請深入探究產生錯覺、誤會或主觀認定的原因，以及當時的心理狀態。

以第一章「②不小心失誤造成的小麻煩案例」介紹的「忘了帶定期票」案例來說，當時我「主觀認定」定期票放在外套口袋裡，至於當時的心理狀態，則是快要遲到了，因而非常慌張與著急。

只要像這樣具體地深入探究原因，便能提高對策的精確度，防止麻煩或事故再度發生。

4 傾聽辯解，將犯錯的當事者正當化

看到這個標題，各位或許會感到奇怪。若拿前述的交通事故來說，就是聽引發事故的當事者辯解，將當事者正當化。

這麼做是因為，**當事者的辯解，正是幫助我們找出根本原因的線索**。

事故本身確實是壞事，畢竟違反了法律或道德。

不過，當事者卻是做了當時最好的決定，才引發麻煩或事故的（不過，故意引發麻煩或事故的情況除外）。就算事後來看，抑或從第三者的角度來看，那都並非最佳選擇，但對當事者而言卻是最好的決定。

拿前述的案例來說，駕駛在開車時優先接起突然作響的手機，結果害他沒注意到號誌燈。當然，這是駕駛判斷失誤，但對當事者而言，這卻是當時最好的決定。

因此，除了運用前述的「五個為什麼分析法」外，最好也要詢問當事者的真心話，傾聽他的辯解。這時就得準備訪談紀錄表。

訪談目的是要掌握麻煩或事故的發生背景（事實），訪談內容也包括當事者不想提起的事。

■製作訪談紀錄表時的注意事項

①訪談者　最好是跟當事者無利害關係的人物，不過請當事者的上司擔任也行。

②受訪者　當事者。

③訪談目的

・掌握麻煩或事故的背景（事實）。

・留下紀錄。

④訪談時的態度

・**訪談者**　要認真傾聽當事者的辯解，不要斥責或否定對方。

・**受訪者**　要誠實地陳述。老實承認自己的失誤，別把責任轉嫁給他人。

【附注】只要訪談者能接納當事者的真實心情，當事者應該就會願意誠實地報告事實，而不會推卸責任。

拿前述的事故案例來說，我們可以透過訪談，從事故當事者口中問出以下的真心話。

●直行車駕駛

其實當時我在趕時間。因為顧客找我，但當時已過了約定的時間。電話是顧客打來的。我焦急得不得了，才會沒注意到號誌燈。

●右轉車駕駛

我也在趕時間。那個十字路口的右轉時機總是很難抓，所以一變黃燈我就趕緊右轉。沒想到會有直行車在黃燈時衝過來。

我們應該可以根據兩者的真心話，想出以下的對策。

・要有充裕的行動時間。時間造成的焦慮感，有可能引發各種事故。

・假如約會遲到的可能性很大，那就聯絡對方，請對方允許自己遲到。這樣一來理應就不會焦慮了。

希望各位都能透過訪談，了解麻煩或事故的相關人士，並釐清當事者自認最佳選擇的行動，為何會造成麻煩或事故。

追究根本原因時，傾聽當事者的真心話是非常重要的事。

【對策篇】

1 擬訂對策應以根本原因為前提

本節先來復習前述【追究原因篇】「②直接原因與根本原因」的內容。

請各位回想一下根本原因的意思。**我們絕對不能從直接原因導出對策**。如果認為事故的發生原因單純是忽視號誌燈，那麼對策就會是「注意號誌燈」，這種對策無法防止事故再度發生。

我在上一章說明過，「不願回顧過去」是人的習性之一。即使為了防止事故再發生而勉強回顧過去，若是抱著「真想快點了事」的心態，對策的擬訂與執行便會淪為「急就章」。

若要提高防止再犯的精確度，請先找出根本原因，找到之後再擬訂對策。反過來說，只要找到根本原因，要擬訂對策就不會太辛苦。

這是因為，只要把根本原因反過來即是對策案。

拿前述的案例來說，假如根本原因是「平常沒有將手機切換成駕駛模式的習慣」，防止再發生的矯正措施便是「養成將手機切換成駕駛模式的習慣」。

一般而言，一個麻煩現象通常有好幾個根本原因。以這個案例來說，駕駛之所以漏看號誌燈，不僅是因為手機響了，另一個原因則是趕不上約定時間而焦慮，分散了駕駛的注意力，從而忽略了號誌燈。既然根本原因有兩個，對策案當然也有兩種。

撰寫對策案時，一定要載明是對應哪一個根本原因。假如沒寫清楚，就會不曉得某項措施是對應何種原因，如此一來就無法完美地防止問題再度發生。

2 用5S消滅麻煩的肇因

如同前述，擬訂對策應以根本原因為前提。擬訂對策時，請務必採取「5S」之觀點。

商務方面的麻煩，大多是送錯文件給顧客、搞丟重要的資料這類失誤造成的，不知各位是否有過這類經驗？

這類麻煩有可能是起因於「5S」。

「5S」是指整理、整頓、清掃、清潔、素養，由於這五個詞的日文羅馬拼音都是「S」開頭，故簡稱為「5S」。

這個概念最初來自製造現場，現在則廣泛應用在辦公室等各種工作場所。另外，不光是日本，這個概念也普及到歐美及亞洲。「5S」在英語圈稱為「Five S」。

坊間有關「5S」的專業書籍，都是針對五個「S」進行解說，本書則用更淺顯易懂的方式分享我個人的見解。**單刀直入地說，假如「5S」很難做到，我們只要做到**

「3S」就夠了。所謂的「3S」即是整理、整頓、養成習慣。接下來就依序為各位解說這三個「S」。

①整理

整理就是區分需要與不需要的東西，並丟掉不需要的東西。

請各位察看自己的辦公桌面。目前正在使用的文件、現階段用不到的文件，以及應該銷毀的文件是不是全混在一起呢？已經用不到的文件，請記得當場銷毀（例如用碎紙機絞碎）。要不然，這些已經不需要的文件有可能引發麻煩。

接著請各位察看電腦螢幕。已經不需要的檔案是否還留在電腦內呢？你是否曾錯把不需要的檔案附加到電子郵件裡呢？已經用不到的檔案就丟進資源回收筒吧！可別因硬碟的容量很大，就把用不到的檔案也保留下來，這麼做一樣有可能引發麻煩。

「5S」的概念同樣適用於家庭。丟掉不需要的東西，不只能使收納空間變得整齊乾淨，也能讓我們輕輕鬆鬆找到要找的東西。

另外，如果家中有年幼的孩子，整理也有助於預防家庭事故的發生。

②整頓

整頓就是，經過整理（銷毀不需要的東西，只保留需要的東西）後，讓自己能夠正確且迅速取出想要的文件或檔案之狀態。

請問各位是否有過這樣的經驗：桌面與抽屜都翻過來找了好幾次，就是找不到想要的文件，或是花了很長的時間尋找理應保存在電腦裡的檔案。

像這樣子東翻西找是很浪費時間的行為，但只要東西找得到就沒有問題。不過，要是找不到需要的文件，或是用了錯誤的資料，就有可能引發麻煩。

找不到東西有兩個原因。第一個原因是沒決定保管場所，第二個原因則是沒放回決定好的保管場所。前者屬於未做好「整頓」的狀態，至於後者，我將在「③養成習慣」中解說。

另外，如何決定保管場所也很重要。各位的職場都會將文件分類並歸檔才對，如果發生文件方面的麻煩，請檢查一下分類文件的方法是否有問題。

舉例來說，假設你跟十家公司有生意往來。與交易對象有關的文件就有好幾種吧？例如報價單、契約書等等。假如以前曾因誤用了另一位交易對象的文件而發生麻煩，那麼文件就別以種類分類，改成依照交易對象分類及歸檔或許會比較好。

該如何整頓，才能提升業務效率、降低麻煩的發生機率呢？請在職場內跟整個團隊一起討論這個問題。

③養成習慣

整理與整頓並非暫時性的活動，我們必須時時保持這兩種狀態。總而言之，**養成整理與整頓的習慣非常重要**。

整理時，如果有文件應該銷毀，就要當場處理，這樣就不必費事了。不要打算之後再跟其他文件一起丟掉，因為通常這種時候，不需要的文件都會堆在各個地方。這樣不僅整理起來很麻煩，就連之前好不容易整理好的地方，也會恢復成原本的雜亂狀態。

至於整頓，一旦訂好整頓的規則，就必須時時遵守。

使用過的文件或新製作的文件，應根據歸檔方法，存放在規定的地方。這點也跟整理一樣，假如抱著以後再做的念頭，文件就會遭到擱置，恢復成未經整頓的狀態。

決定好整理與整頓的方法後，一開始必須刻意實行，反覆執行幾次後，就能從刻意而為轉變成不自覺的行動。如此一來，你便養成整理與整頓的習慣了。反覆行動就能養成習慣。

專欄8　5S派得上用場嗎？

B在品質管理部門任職。最近常有顧客抱怨產品品質不良，這令他產生了危機感。

他向廠長提議推動5S活動後，公司便召開了經理會議。

B：「最近常有顧客為了品質問題向我們抱怨。因此，我希望能回到出發點，重新進行5S活動。」

製造部經理：「即使做了整理與整頓，產品的品質也不會變好。倒不如變更設計或改善製造工程還比較有效果。」

製造部經理並不贊成B的提議，但由於B事前就跟廠長溝通過，最後5S活動還是開始了。B所主導的活動內容如下：

・給製造現場及辦公室內不需要的東西貼上紅紙，釐清有多少不需要的東西妨礙日常工作。

・不需要的東西全部丟掉，並妥善配置需要的東西，大幅提高工作效率。

B在此次活動中投注最多心力的事，就是讓所有人參加5S活動。他在現場擔任實質的領導者，廠長和經理也都聽從他的指揮行動。看到這幅景象，其他的作業者也不得不動起來。

這場5S活動不但消除了作業中的浪費，還提高了眾人的品質意識。結果不僅大幅減少品質方面的麻煩，顧客也給予很高的評價。

展開活動過了三個月後，製造部經理主動找B談話。

製造部經理：「你說得沒錯呢！我充分了解到5S這種基礎活動有多重要了。聽作業者說，他們做起事來更輕鬆了，活動大獲好評呢！另外，我覺得領班也變得幹勁十足喔！」

B：「謝謝。能聽到您這麼說，一切都值得了。5S活動仍會持續下去，今後還請您多多指導與協助。」

聽到難搞的製造部經理對活動表示肯定，B十分開心。

3 製作說明書要多花點心思

有時追查麻煩的肇因，最後發現是說明書的問題。

說明書有各種不同的稱呼，有的職場稱為業務處理準則，有的職場則稱為標準作業程序書，這裡就統一稱為說明書。

按照說明書的內容去做卻發生麻煩時，常會聽到「要領會說明書真正想表達的意思，別變成說明書人」這句話。

可是，若稍作斟酌後做了說明書沒寫的事，結果卻引發麻煩的話，有時反而會挨罵「為什麼不照說明書寫的去做」。

說明書可分成兩大類。

①作業說明書

主要是給作業員使用，內容為作業的程序與規定。例如機械操作手冊、檢查程序書等等，一般都會要求使用者按照說明書的內容作業。

②業務說明書

主要給行政職、技術職使用，內容為業務方面的Know-How、報告書的範本、失敗案例、職場規定等等。例如有關會議的議事錄、顧客投訴或營業報告書的說明書。

假如是①，一般都會要求使用者按照說明書的內容作業；假如是②，則要當心別變成「說明書人」。

由於②無法將所有的狀況包含在內，使用者必須徹底理解說明書所寫的前提與本質，亦即「領會真正要表達的意思」。

若要避免說明書造成的麻煩，我們該怎麼做才好呢？

接下來就為各位介紹說明書的注意事項。

●除了Know-How外，Know-Why也很重要

說明書通常都會記載Know-How，也就是如何執行作業或業務（How to）。不過，**為什麼需要這項作業或業務，亦即Know-Why也該記載清楚。**

只要了解各項作業、業務的執行理由與必要性，便能舉一反三隨機應變，避免麻煩發生。

以作業說明書為例，假設某產品的檢查程序，一開始要先檢查產品的機能，接著再檢查外觀，假如其中一方不合格就會判定為「出貨NG」。另外，該件不合格品要放進紅色箱子裡。

這種時候，假如機能檢查不合格，那麼無論外觀檢查的結果如何，這件產品都會判定

為「出貨NG」，因此作業者（檢查員）有可能省略外觀檢查，直接將該件產品放進紅色箱子裡。作業者（檢查員）的心態，講好聽點是想提高作業效率，講難聽點就是想省事。

這項檢查的目的，不光是判斷產品能不能出貨，還要找出機能與外觀上的瑕疵，以便進行改善。因此，如果不明白檢查的理由，作業者（檢查員）就不會確實做好這兩種檢查吧。

所以說，檢查說明書不僅要載明機能檢查與外觀檢查的做法（Know-How），也該說明為什麼需要進行這兩種檢查（Know-Why）。

辦公室所用的業務說明書也可說是一樣的情況。

本章的主題之一「追究原因」不可缺少Know-Why，亦即為什麼需要那項事物。要是缺少Know-Why，我們就只會調查表面上的肇因，並根據表面上的肇因討論對策案。由於大家都想快點結束討論，結果就會淪為「急就章」。

不光是追究原因的方法，如果連追究的理由也能明確記載於說明書內，便可期待防止再犯活動能正確進行。請務必將Know-How與Know-Why一併記載於說明書內。

●內容煩雜的說明書沒人要用

製作說明書的人，通常都會盡可能假設所有的狀況，而且想把所有的狀況寫進說明書裡。這是因為，他們不想在日後挨批說明書沒寫到某些狀況。

但是，如果連例外處理都鉅細靡遺地寫進說明書裡，說明書就會變得越來越厚、越來越煩雜。最後就會變成一本沒人要看，只有製作者覺得滿意的說明書。

無論是何種業務都不見得能按照預定計畫進行。舉向廠商訂購零件的業務為例，廠商未遵守指定交期時的處理方法，就很難全部寫進說明書裡。這是因為未遵守指定交期的原因五花八門，不只一種。

如果說明書的內容太過詳盡，使用者有可能只會按照說明書執行業務，而無法養成自行思考的習慣。

最後就成了不懂得隨機應變的「說明書人」。

說明書要寫得多詳細並沒有正確答案。不過，別任何事都依賴說明書，像例外處理或異常處理只要給出方針應該就夠了。

請務必製作出「需要思考的」說明書，讓使用者能自行思考詳細的處理方法，然後向

上司提議並取得同意。

●採納相關人士的意見

我曾製作過製造現場所用的作業說明書。後來到現場說明時，某位作業者完全不肯接受這本說明書。他表示：「這種作業方式跟我的不一樣。從以前到現在我都不曾出過差錯，對自己的作業方式很有信心。所以，我不需要使用這本說明書。」

不光是製造現場，單方面的強迫在任何職場都是不受歡迎的行為。

縱使說明書裡記載了最佳的作業方式或業務程序，有些資深老鳥就是不肯爽快接受說明書。

因此製作說明書時，要在提交完成版之前，先詢問使用者的意見。

尤其**對於影響力頗大的人物，就算他們的作業方式或業務做法有問題，也必須向他們展現請教的態度**。

人類是一種奇妙的生物，只要自己的意見或多或少獲得採納，就會比較願意接受新的方式。即便是追查過往麻煩的正確肇因後做過修正的舊版說明書，只要職場的人不接受就沒有任何意義。

話雖如此，我們也沒必要迎合資深老鳥。不過，**經驗豐富的人必定有一、兩項所謂的「才能」**。

請找出這類「才能」，並反映在說明書上，然後向資深老鳥強調這一點。相信他們一定不會反感的。我就是用這種方式，讓現場的人接受新版說明書。

●由當事者製作說明書

說明書請交由實際使用者製作。乍看之下，各位或許會覺得由第三者以客觀角度製作比較好，但這樣一來，製作者與使用者之間有可能會難以產生連帶感，製作者也可能只要做好說明書就心滿意足。

不消說，製作說明書的目的，當然是要讓使用者靈活運用說明書的內容，毫無窒礙地執行作業或業務。

如果將修訂說明書當作防止再犯措施的一環，那麼最好請過往發生問題的當事者來製作說明書。因為當事者最清楚麻煩為什麼會發生。

只要當事者抱著「不能重蹈覆轍」的堅定決心，一定就能做出很實用的說明書吧。

●未加改進的說明書毫無價值

說明書並非做好就沒事了。做好說明書後，請找個機會向相關人士說明。說明時要注意以下幾點：

・無論是新版說明書還是修訂版說明書，都要說明製作理由，以及前述的Know-How與Know-Why。

・如果是修訂版說明書，則要強調此次修訂的部分。

・如果開會時發現說明書有不備之處，就該當場修正。

・如果實際使用說明書後，發現有問題或是需要改善的地方，應向說明書製作者回報（防止說明書久未更新）。

上述事項請務必當面傳達，不要透過電子郵件。如果透過電子郵件傳達，對方有可能沒收到通知，因而不曉得新版說明書發行了，抑或舊版說明書經過修訂了。有些人或許會覺得這麼做很費事，不過當面講清楚一樣有助於防止問題再發生。

如同前述，**說明書做好後必須不斷改進**。畢竟日後業務狀況有可能會改變，請跟職場的人一起討論，當狀況有所變動時是否要修訂說明書，或是要維持說明書的大要，僅補充例外處理。

久未更新的說明書就跟沒人用的說明書沒兩樣。

只要發現一點小問題就該修訂說明書，這麼做不僅能改善業務，也可作為後述「防患未然」的一環。

4 有助於防止再犯的單點課程

有些時候，我們會以改善業務做法、修訂說明書作為防止再犯措施。但是，說明書的內容包羅萬象，就算接受教育訓練也無法全部記住。

因此，**請你拿出一張紙，寫下你認為此次改善中最重要的部分**。這稱為單點課程（One Point Lesson，參考**表**3－1），算是一種備忘錄。書寫單點課程表時應注意以下幾點：

・**避免長篇大論**，應使用關鍵字說明，只強調照片或應改善的部分。

・**對照**改善前與改善後，或是錯誤範例與正確範例。

・將單點課程表**貼在公布欄上**，通知相關人士改善的事實，並且要大家養成每天查看公布欄的習慣。

・等內容滲透職場後，就從公布欄上移除。刊登期限最長**以一個星期為限**。假如內容未滲透職場，就調查原因並努力改善。

・**不要一次刊登好幾張單點課程表**。每次最多刊登三張，太多的話會降低每一張的關注度。

另外，一再犯下同樣的錯誤時，只要利用單點課程記錄失誤內容，便能提醒眾人多加留意。**透過單點課程將過去的失敗案例「可視化」並與團隊分享，即可促進防止再犯，防止麻煩或事故再度發生。**

5 招致品質低落的多重檢查

當某項業務發生漏檢情況時，有些人會改為多重檢查來處理這個問題。究竟這種做法

表3－1　單點課程範例

單點課程	No：201702-001
主旨：處理送錯商品造成的客訴	製作者：營業一部　白鳥
Before	After
聯絡配送中心，請他們盡快處理客訴。	接到顧客投訴後，先由業務員確認訂單內容。

是不是好對策呢？以下就用一則案例來驗證這種做法的有效性。

A是某專業貿易公司出口部門的課長。

最近經常因為出口文件有誤而引發麻煩，令A大傷腦筋。平常都是由B製作文件，然後請C檢查文件。

由於C經常漏檢，A便請D主任負責最終檢查。A滿心期待能藉由雙重檢查防止問題發生，然而，失誤造成的麻煩卻沒有就此解決。

於是，A集合相關人士，召開對策會議。結果釐清了以下幾件事：

- 起初只有C一人負責檢查時，他並未確實告知製作文件的B自己發現的錯誤，所以B才會一再犯下同樣的錯。
- 改成雙重檢查後，C與D的檢查項目並不一致，這樣就失去雙重檢查的意義了。
- 由於D主任會做最終檢查，這份安心感促使B和C做起事來有些馬虎。尤其是C，他對D的依賴感更是強烈。

在這場會議中，眾人釐清了上述事實，並訂出以下的防止再犯措施。

①恢復原本的做法，僅由C一人負責檢查文件。

②C若發現錯誤，要立即通知製作文件的B，並進行改善以減少失誤。這稱為源流對策。

③請D主任查核改善內容，並在出口部門內分享。

這項對策不僅減少失誤，也連帶減少麻煩發生。A課長深刻感受到，**想減少失誤需要的是源流對策，而不是增加檢查者**。此外，他也打算持續提醒相關人士源流對策的必要性。

從上述例子可知，**馬虎的多重檢查反而會降低業務品質**。

6 對策執行計畫應明確訂出負責人與期限

擬好對策案後，接著就是付諸實行了。

對策案通常不只一項，**擬訂對策執行計畫時，請團體討論並決定每項對策案的執行負責人**。

這裡就舉修訂及製作新版業務說明書時的對策案為例，介紹對策執行計畫的壞例子與好例子（參考**表**3－2、**表**3－3）。

以下就拿這個例子來說明對策執行計畫的注意事項。

・**要一五一十地記下對策**（修訂與製作新版業務說明書）的詳細業務，明確地規劃對策的執行工程。

・為每一項**詳細業務安排日程，以方便管理對策執行計畫的進展情況**。假如是壞例子，就不會規劃與安排說明書完成之前的日程，因此只能粗略管理進展情況。

・**詳細業務也等於是中間目標**。只要執行完每一項詳細業務，最後便能完成一項對策。

・**訂出每項詳細業務的負責人，並釐清責任歸屬**。以本例來說，製作說明書是負責人的責任，會議和教育訓練則是上司（課長）的責任。

表3－2　對策執行計畫的壞例子

對策案	期限	負責人
修訂業務說明書A	2月17日	高橋
製作新版業務說明書B	2月24日	田中

表3－3　對策執行計畫的好例子

對策案	詳細業務	負責人	2月														
			6	7	8	9	10	13	14	15	16	17	20	21	22	23	24
			一	二	三	四	五	一	二	三	四	五	一	二	三	四	五
修訂業務說明書A	彙整修訂案	高橋	■	■													
	開會傳達消息	橫山課長			■												
	製作說明書	高橋				■	■	■									
	檢討會	橫山課長							■								
	修正說明書	高橋								■	■						
	教育訓練	橫山課長										■					
製作新版業務說明書B	跟其他單位協調	田中	■	■	■												
	彙整說明書的要點	田中				■											
	開會傳達消息	工藤課長					■										
	製作說明書	田中						■	■	■	■	■					
	檢討會	工藤課長											■				
	修正說明書	田中												■	■	■	
	教育訓練	工藤課長															■

最重要的是，說明書的修訂案或要點一旦彙整好，就要立刻傳達給相關人士，並實施業務改善。**說明書完成之前若未採取任何行動，這段期間很有可能發生同樣的麻煩。在達成「做好說明書」這個大目標前，必須先進行改善才行。**

7 「兩套標準」的排程會導致延遲

某生產設備製造公司在接到顧客的專案訂單後，向來都會規劃總排程。總排程表中明確記載了設計圖的完成日、外包商的交期、產品出貨日等日期。

可是，很多外包商都不遵守交期，導致製造公司總是無法準時出貨給顧客，最久曾延遲一個星期以上，因而常常接到客訴。

因此這家製造公司的專案經理，便刻意將總排程中的交期縮短兩個星期。

專案經理是出於善意才這麼做。他以為只要多了兩個星期的時間，就算外包商延遲一週交貨，整個排程也不會因此延宕。

然而，之後外包商依舊延遲交貨。不僅如此，由於多了兩個星期的時間，公司內部也漸漸鬆懈下來，不再死守排程。

最後甚至有外包商延遲兩週以上才交貨，並且開始影響到製造公司，害他們無法準時出貨給顧客。

這個狀況令品質保證部經理產生危機感，於是他找專案經理一起討論，並做出以下的決定。

・總排程絕對不能有「兩套標準」，或是在期限上動手腳。公司內部、顧客與外包商應採用相同的排程並統一管理。

・應徹底做好進展管理，才有辦法遵守總排程。

專案經理考量到延遲的情況，才設置了緩衝期。

沒想到最後卻適得其反，他好好反省自己，並深刻體認到總排程一元化的重要性。

專欄9 出於善意卻遭到惡用的安全措施

自從一九七〇年代後半期起，日本便給十字路口的號誌燈設置了一定秒數的「全紅」狀態。在以前，若南北側的號誌燈一變成紅燈，東西側的號誌燈就會立刻變成綠燈，要是有駕駛不遵守號誌燈就會很危險，所以後來才在十字路口設置全紅燈時間。

結果卻造成「看到黃燈還不用擔心，就算變成紅燈也能通過」的狀況，這即是一個惡用全紅燈時間的壞例子。在商業領域也看得到類似的情況吧？

8 妨礙執行的「意料之外」是家常便飯

擬好對策執行計畫後就要趕快執行。如果不遵守日程計畫，對策執行計畫就只是紙上談兵。

因此，建議各位使用如**表3－4**的進展管理表。

表3－4　進展管理表範例

對策案	詳細業務	負責人	計畫／執行	2月														
				6	7	8	9	10	13	14	15	16	17	20	21	22	23	24
				一	二	三	四	五	一	二	三	四	五	一	二	三	四	五
修訂業務說明書A	彙整修訂案	高橋	計畫	■	■													
			執行	■	■	■												
	開會傳達消息	橫山課長	計畫			■												
			執行				■											
	製作說明書	高橋	計畫				■	■	■									
			執行					■	■	■	■							
	檢討會	橫山課長	計畫							■								
			執行															
	修正說明書	高橋	計畫								■	■						
			執行															
	教育訓練	橫山課長	計畫										■					
			執行															

這張進展管理表，在日程計畫的下方設置了執行欄，用來管理各項詳細業務的進展。如此一來，各位就能得知計畫的執行進度是快是慢。

以這個例子來說，「彙整修訂案」晚一天完成，「製作說明書」也是晚一天完成，因此「檢討會」開始時進度已慢了兩天。

若要避免這種延遲狀況繼續增加，就得在每項詳細業務結束時掌握當前進度。如果進度落後，就要調查落後的原因，並擬訂補救計畫。**假如沒在早期補回進度，到了最後就幾乎沒有挽回的餘地。**

計畫都擬訂好了，卻因為意料之外的工作

而拖延進度是很常見的情況。尤其是對付麻煩的時候，由於只要先做好緊急處理就不用擔心，防止再發生的矯正措施往往會延後執行。

可是，請別只顧眼前的業務，一定要執行防止再犯措施。

每個職場都有很多業務要執行，但資源（人、物、錢、時間等等）卻很有限。這種時候就必須決定工作的優先順序。請不要丟給負責人決定，上司應縱觀整體業務，**並重視團隊的共識來決定優先順序**。

專欄10　阻礙改善的反抗勢力

A在設計部門負責推動防患未然活動，某天他召開部內會議。

會議一開始A就提議：「我們接到了重要的新專案。因此，我希望能參考以前的專案找出風險，以作為防患未然活動的一環。」

然而，只有部分的與會者願意提供協助。會議結束後，A向經理報告這件事。

A：「部內有些人不願意協助進行防患未然活動。單憑我的力量沒辦法說動他們。」

經理：「是哪些人不願意協助？」

A：「是資深的員工。」

經理：「你有沒有想過，他們為什麼不願意協助呢？」

A：「他們說，日常業務就夠忙了，哪裡還有空進行防患未然活動。」

經理：「你認為那是他們的真心話嗎？」

A：「我不知道……」

於是，經理提醒A以下兩件事。

・資深員工很抗拒從事多年的業務遭到改變。**因此就算他們的做法效率不彰，也不能全盤否定，應盡量從中找出優點並加以採納。**

・就算風險是自己發現的，也要當成是部內員工發現的。**不要獨占功勞，應當作**

眾人的成果提高部內的士氣。假如最後成功防患於未然，A也能獲得肯定。

A聽從經理的提點進行改進，防患未然活動也漸入佳境。A深刻體認到，**不光是他人，其實自己心中也存在著阻礙改善的反抗勢力**。

9 實施對策後要檢驗成效

執行完對策之後還需要回頭檢視。也就是說，我們必須以**「該對策是否有效防止問題再度發生」之觀點檢驗成效**。

假如執行完對策後，依然發生同樣的麻煩，就必須追究再度發生的原因。

至於原因有可能是以下幾種情況。

①對策內容有誤或是有不足之處（重新檢查一下麻煩的肇因）。

②未理解對策內容（針對對策內容重新進行教育訓練）。

③未按照對策執行（調查無法執行的原因，進一步改進對策）。

另一個要注意的重點是，實施對策後的二次災害。

實施對策即意謂著，要改變業務的一部分或整個業務。換句話說，改變某項業務，或許會對相關的其他業務造成影響。

假如是好的影響那就沒問題，**但要是壞的影響，該項業務就有可能發生麻煩。這種現象稱為二次災害**。

舉例來說，假設某業務換人負責後就不再有麻煩，業務進行得順暢無比。但是，某位承辦人卻有可能因此負擔過重，導致別的業務發生麻煩。

擬訂對策時就該探討二次災害的問題，但在討論對策的階段有可能為了趕日程，而沒有充足的時間探討二次災害。可是，特地執行改善對策，卻反而引發二次災害的話，也會影響對策的效果。

因此務必找個時間，檢查一下實施對策是否會帶來不良的影響。

只要留意相關的業務就能防患於未然，至於防患未然的部分我將在第四章為各位解說。本書所說的防患未然，是指「發現」未來有可能發生的麻煩。

請各位務必在每日處理業務的過程中，處處留意這種「發現」，並提高防止再犯與防患未然的意識。

◇第三章　第二階段總結

【追究原因篇】

①該找的不是禍首，而是肇因。除了直接原因外，也要追究根本原因，這點相當重要。

②找出失誤的原因，以及調查犯錯時的心理狀態都很重要。

③犯錯當事者的辯解，正是幫助我們找出根本原因的線索。

④只要追究根本原因，就能順利進行防止再犯活動，防止麻煩或事故再度發生。

【對策篇】

①應以根本原因為前提擬訂防止再犯措施。

②5S活動相當有效。尤其是整理、整頓、養成習慣（3S活動），三者對於防止麻煩發生很有幫助。

③說明書不只要記載Know-How，也要載明Know-Why，並要努力製作出需要思考的

說明書。

④單點課程是一種輕易就能做到的防止再犯措施。

⑤多重檢查反而會導致業務品質低落。不要增加檢查工程，應針對失誤擬訂源流對策，這點很重要。

⑥訂立對策執行計畫時，應將一項對策分解成各項詳細業務，並明確訂出負責人與期限，這樣不只方便管理進展情況，也更容易按照計畫執行。

⑦若想做好進展管理，就該排除「兩套標準」，訂立一元化的排程。

⑧擬訂好對策執行計畫後，如果接到意料之外的業務，不要一個人決定業務的優先順序，應尊重團隊的共識再做決定。

⑨實施對策之後別放著不管，應檢驗對策有無效果、有無造成二次災害，這點很重要。

第三階段

防範麻煩於未然的措施

接下來要解說的是何謂防患未然措施，以及其特徵與注意事項。

1 防止再犯與防患未然的差別

「防止再犯」與「防患未然」有什麼差別呢？很遺憾，一般人好像都分不清楚兩者有何不同。

每當發生事故、麻煩或醜聞等問題時，相關人士一定會說：「我會努力防止問題再度發生。」雖然很想相信「今後絕對不會再發生同樣的問題」這句承諾，結果究竟有沒有說到做到呢？回顧過去便能發現，同樣的問題似乎總會在眾人已遺忘之後再度發生。

思考問題為何再度發生之前，我們先來定義防止再犯措施與防患未然措施。

・防止再犯措施

深入探究過去發生的問題之原因，避免相同問題再度發生的對策。

・防患未然措施

參考過去的麻煩案例以及透過防止再犯措施查明的原因，**預想未來可能發生的風險，擬訂並執行對策**。

即使實施了防止再犯措施，已經發生的問題也不會因此消除。你我都是朝著未來不斷前進。希望各位把一般所說的「防止再犯」，理解成「防止未來可能發生的問題」這個意思。

就這個意義來說，究竟防止再犯措施是否足以防止未來可能發生的問題呢？假如未來也有可能發生現象與原因皆跟過去完全一樣的問題，單靠防止再犯措施就能防止問題發生吧？然而，現實中這個可能性可說是微乎其微。

舉例來說，假如一九八五年發生的犀川滑雪團遊覽車翻覆意外，事後有徹底實施防止再犯措施的話，就能避免第一章介紹的二〇一六年輕井澤滑雪團遊覽車翻覆意外發生嗎？答案是「NO」。這是因為，即便都是滑雪團遊覽車翻覆意外，兩者的肇因卻不盡相同。

再舉個切身的例子，我在第一章提到，以前曾因為換外套而忘了帶定期票，但未來說不定會為了別的原因忘記帶定期票。**就算未來可能發生的問題之現象跟過去一樣，假如原因不同的話，對策當然也不一樣。**

不過，我的意思並不是防止再犯措施沒有用。

防止再犯措施不僅有用，**若想防患於未然，更應該先透過防止再犯措施查明根本原因再實施對策，這點相當重要。**

只要**有效運用防止再犯措施發現未來的風險，接著再擬訂及執行對策，就能夠防患於未然。**

換句話說，問題再度發生、無法預先防範的原因有二。

①實施防止再犯措施時，並未徹底查明原因，對策也未確實執行。

②未充分察覺未來的風險。

關於原因①，請參考第二階段的解說。

關於原因②，在解說該如何察覺風險，以便實施對策防患於未然之前，我們先來研究預防措施為什麼進行得不順利。

2 為什麼防患未然進行得不順利？

防患未然進行得不順利的原因有二。第一個原因是，**要「發現」未來的風險其實並不容易**；另一個原因則是，**難以投入大量成本及資源，去防範不知是否會發生的未來風險**。

對我們的工作而言，回顧過去固然重要，但也需要為將來提前投資。舉例來說，投資設備、研發新產品、開拓新的銷售管道、培育年輕員工等等，這些措施都是在為將來做準備。

既然如此，為什麼防患未然措施不像這些措施一樣，被視為提前投資的對象呢？未來的風險，乃是麻煩或事故發生前的狀態。因此，**有些人會認為等事情發生後再處理就好，較無「若不採取任何對策，就有可能發生麻煩或事故」這種危機感。希望各位務必改正這種觀念**。

重大麻煩或重大事故一旦發生，往往會造成無法挽回的結果。舉例來說，因重大客訴而喪失下一筆生意、發生死亡事故而失去員工，或是事故演變成社會問題，得負起鉅額損害賠償責任等等，這類麻煩或事故都超過「事後再處理就好」之限度。

一聽到實施防患未然措施必須投入許多成本及資源，有些人或許會猶豫。

不過，我們沒必要猶豫。**相較於麻煩或事故發生後所遭受的巨大損害，實施防患未然措施所需的成本與其相比根本是小巫見大巫**。

如「本章第一階段④早期處理麻煩」的圖3－2所示，如果在簽約階段發現風險，我們只需修改契約書就能解決問題；如果在設計階段發現風險，就必須變更設計圖；若到了製造階段才發現風險，就必須修正或重做產品，越晚處理要花的成本就越多。儘管如此，比起顧客發現問題後才去處理，及早解決問題可以減少更多的成本。

換句話說，**若能在較早階段發現並解決未來的風險，不只能夠大幅削減成本，也不會讓自己失去社會信賴，生意得以持續下去**。

除此之外，相較於麻煩發生後的處理，防患未然措施是更具創造性的工作，因此能夠大幅提升工作動力。請各位務必積極實施防患未然措施，以收到**削減成本及提升工作動力之效**。

那麼，接下來就具體談談該怎麼實施防患未然措施。

3 平時就要訓練自己養成發現風險的習慣

只要一點小發現，就能預先防範重大麻煩與重大事故。因此，**無論在家中或是職場，平時就該養成發現風險的習慣，如此一來便能防患於未然**。

舉例來說，假設我們在家中做菜時，本來應該放鹽巴卻放成砂糖。可別放錯就算了，應回頭想一想為什麼會放錯調味料，以及該如何改善才能避免再放錯調味料。到此為止都算是防止再犯。

接下來要進行防患未然。例如醬油和醬汁，或是裝在相同容器裡的調味料，都有可能發生拿錯的狀況。

這種「拿錯」的風險，即是幫助我們防患未然問題的「發現」。

假如是在職場裡拿錯文件、醫院給錯藥或搞錯病患之類的狀況，可就不能一笑置之了。以前日本就曾發生抱錯嬰兒的大烏龍，結果造成頗大的社會問題。

假如馬上就發現抱錯的話倒還無所謂，但要是等到嬰兒長大成人才發現就來不及了。

如同上述，光是把焦點放在「拿錯」上，就能得到許多發現。

無論在家裡還是職場，我們都會接觸到許多東西。想必各位都有採取某些措施，以防自己拿錯東西。例如：貼上名牌、換個容器、類似的物品不放在同一處……等等。

但是，世上沒有完美的對策，況且有時就算訂下規矩也未必會遵守，甚或東西遭到調換。例如某醫院就曾發生過這樣的麻煩。

某位兼任醫師誤把二毫升的胰島素當成麻醉藥，使用在沒糖尿病的患者身上。由於該患者在短時間內，注射了高於一般糖尿病患者十至五十倍的劑量，醫院判斷「有生命危險」，便趕緊將患者送到大學醫院急救，所幸最後沒釀成大禍。

這起醫療疏失有兩個肇因，一是胰島素未放在原本的保管處（放在麻醉藥的保管處），二是醫師以為胰島素是麻醉藥，疏於檢查。當然，假如胰島素沒放錯地方，就不會發生這個麻煩，但這種說法對外是行不通的。

使用危險物品或重要物品時，**假如有留意「拿錯」的風險**，應該就會先做確認吧？最起碼使用前必須先檢查標籤才行。此外也該留意「貼錯標籤」的風險。這是因為，萬一給錯藥，患者或許會有生命危險。

假如我們有留意風險，便會採取「檢查」這項防患未然行動；假如沒有留意，便不會採取任何行動。如果你覺得要留意未來的風險很困難，建議你**積極培養改善心態**。

改善即是找出不好的事物予以改正，遇到困難就設法解決它。請各位先從身邊的問題著手。

舉例來說，假設我們發現地上有條電線，可能會害人絆到腳。這就是該改善的地方。於是，我們先用膠帶固定那條電線，以避免害人絆到腳，而這就是暫時性的改善案。之後，我們要擬訂並執行永久性的改善案。

為避免有問題卻沒發現，或是發現了卻沒處理，請各位平時就要留意問題，抱持改善心態，並且努力改善。

這種心態最後會化為「發現」風險的習慣。

假設某個職場在展開一項專案前，決定先開會清查風險。不過，再怎麼開會討論，假如他們沒「留意」風險，這場會議可能就會流於形式。

表3－5　防患未然措施（以汽車擦撞事故為例）

	狀　況	對　策
1	開車前往目的地。	搭乘電車。
2	出門的時間比預定晚。	提早出門，讓自己有充足的時間行動。
3	趕時間而走捷徑。	走視野較佳的大馬路。
4	手機響了，所以沒注意到號誌燈。	將手機切換成駕駛模式。

發現風險一點也不難。**只要平時就有留意風險，相信你一定能獲得發現。**

4　只要執行數種對策中的一種對策，就能避開大麻煩

跟防止再犯措施一樣，防患未然措施也未必只有一種。

我們來看汽車擦撞事故的例子。

這裡舉出了四種對策（參考**表**3－5）。

如果採取第二、三、四號的對策，應該可以大幅降低遭遇擦撞事故的機率吧。另外，如果搭乘電車，發生車禍的機率就歸零了。若往壞處想，搭乘電車有可能遭遇其他事故，但由於那是不同的問題，這裡就先不討論。

我想說的是，**只要從眾多對策當中，至少挑一種執行，**

最起碼能夠幫助你避開大麻煩。

既然如此，為什麼有些人連一種對策都執行不了呢？關鍵就在於「③平時就要訓練自己養成發現風險的習慣」提到的「發現」。

接下來就具體談談，該怎麼做才能獲得「發現」。

5 從虛驚體驗中獲得發現

各位是否曾在家裡、職場或戶外，碰上差點遭遇麻煩或事故，抑或差點犯下失誤這類令人虛驚一場的情況呢？

例如開車時，忘了查看隔壁車道就想變換車道，後方車輛因而用力按了一聲喇叭，害自己嚇一跳並趕緊踩煞車，或是差點把附加錯誤檔案的郵件發送出去等等，相信每個人都有過這類經驗吧？

儘管最後並未演變成麻煩或事故，但當時只要走錯一步就有可能釀成大禍。這種讓人心頭一驚、冷汗直流的狀況稱為「虛驚事件」。

一個大麻煩的背後，存在著許多虛驚事件；反過來說，如果放著幾起虛驚事件不管，最後就有可能遭遇大麻煩。

這就是所謂的**「海因里希法則（Heinrich's Law）」**。

在美國產物保險公司任職的海因里希，調查職災事故的發生機率後發現，**一起重大事故的背後，存在著二十九起輕度事故，以及三百起虛驚事件**。這個經驗法則又稱為「1：29：300法則」（參考圖3－5）。

圖3－5　海因里希法則

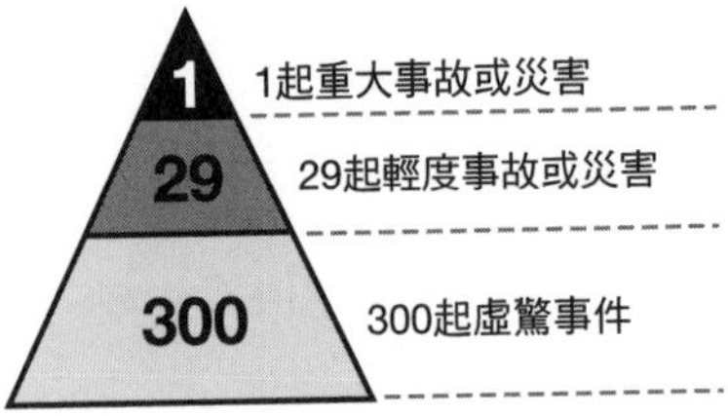

拿前述的例子來說，「開車時，忘了查看隔壁車道就想變換車道」屬於虛驚事件。不過，如果沒聽到喇叭聲而變換車道，最後發生擦撞的話就變成輕度事故；要是這起擦撞事故引發連環追撞事故，就有可能演變成重大事故。

從經驗可知，重大麻煩或重大事故雖然也有可能突然發生，不過發生之前通常都有徵兆可循。那個徵兆就是虛驚事件。打從以前開始就有人大聲疾呼，應根據海因里希法則提出虛驚事件對策。

既然如此，為什麼有些人就是不肯認真處理虛驚事件呢？

這大概是因為人的心理在作祟。也就是經歷虛驚事件後，認為「啊……幸好沒演變成麻煩，真幸運」，然後就不管這件事了。

可是，既然我們好不容易獲得這個「發現（虛驚事件）」，就該善加運用這個「發現」防患於未然。

我在前面說過，希望各位能養成發現風險的習慣。**這個風險即是虛驚事件，發現之後一定要妥善處理。別覺得繁瑣費事，請踏踏實實地執行每一項虛驚事件對策。這是防患未然麻煩與事故的捷徑。**

這裡就介紹一種輕易就能做到的虛驚事件對策（參考**表**3－6）。

- **狀況** 寫下經歷虛驚事件或麻煩的日期，以及當時的狀況。
- **分類** 寫下那件事是虛驚事件還是真正的麻煩。
- **原因** 寫下為什麼會發生這個狀況。不過，此時不必如前述的防止再犯措施那般深入追究原因。請憑直覺花一分鐘左右簡單寫下想到的原因。
- **對策** 寫下如何才能避免日後又發生同樣的事或類似的狀況。

表3－6　虛驚事件對策範例（職場）

發生在職場的事件					
日期	狀況	分類	原因	對策	完成日
2/1	差點把錯誤的檔案發送給A顧客。	虛驚事件	檔案名稱有問題。	更正檔案的名稱。檢查其他檔名有沒有錯誤。	2/1
2/3	因數字輸入錯誤，遭到其他單位糾正。	麻煩	該以日圓為單位的部分寫成美元。	貨幣單位要標示清楚。	2/3
2/8	誤以為一週後要跟B廠商開會。	虛驚事件	跟其他的會議搞混。	在團隊內分享會議日程。	2/8

・**完成日**　寫下執行完對策的日期。

也許有些人看了這張表後，會覺得有點繁瑣。因此一開始的時候，請在經歷一起虛驚事件後，**於十分鐘內寫完所有的項目**。

之所以訂下時限，是為了讓你能夠持續實行虛驚事件對策。

此外，請跟職場的團隊分享這張表。**你可以建立一個共用的EXCEL活頁簿，存放在共享伺服器裡，讓大家都能輸入與閱覽。如果能每週舉辦一次團隊內部會議，介紹主要的虛驚事件**，那就更好了。

例如某公司就使用出色的系統，為虛

驚事件對策建立資料庫，協助員工防患於未然。

如果這個資料庫真能發揮效用當然最好，但空有出色的系統，使用者卻鮮少登入資料庫的案例也隨處可見。

沒必要堅持使用系統，只要運用身邊就有的、用起來很簡單的工具就夠了。就算一開始做不到百分之百完美也沒關係，**希望各位能夠持續注意虛驚事件，並且思考虛驚事件對策**。

養成這個習慣後，請挑戰難度更高一點的事（例如進一步深究原因）。「持續就是力量」。

假如某件事雖然算不上虛驚事件，卻讓你覺得**「有點奇怪」**、**「跟平常不一樣」**，**那說不定就是麻煩發生之前的徵兆**。當你有這種感覺時就要當心。

舉例來說，假如最近下屬經常發生工作方面的失誤，或許就是有什麼問題。這時你可能需要跟當事者談一談，委婉地問出他的煩惱。

這種小「發現」，能夠幫助我們防患未然。**請提高自己的敏銳度，時時留意有沒有徵**

表3－7　虛驚事件對策範例（家庭）

發生在家中的事件					
日期	狀況	分類	原因	對策	完成日
2/2	冰箱裡的食品過期壞掉了。	麻煩	因為塞在冰箱的內側，才會沒注意到。	把有效期限快到的食品放在前面。	2/3
2/6	咖啡杯差點掉在地上。	虛驚事件	沒注意到放在桌邊的杯子。	不要把杯子放在桌邊。	2/6
2/10	兩歲女兒把小蕃茄放進嘴裡，結果卡住喉嚨。	麻煩	小蕃茄對女兒來說太大顆了。	把所有的食物切成小塊。	2/11

兆。

另外，家庭也可應用虛驚事件對策，這還能加深家人之間的交流。

尤其小孩子應從小養成察覺異常、凡事都要問「為什麼」的習慣。

表3－7為家庭的虛驚事件對策範例。

6　做了什麼變更時務必當心

我們再回顧一次，「第一章②不小心失誤造成的小麻煩案例」介紹的「忘了帶定期票」。

在這個案例中，定期票原本都放在外

套口袋裡。

假如是每天都會換外套的人，由於已養成檢查口袋的習慣，他就不會像這個例子一樣忘了帶定期票吧。

但若換作不太習慣檢查口袋的人，就有可能在久久換一件外套時，忘了把口袋裡的定期票拿出來，放進剛換上的外套口袋裡。假如這時又快要遲到而慌慌張張，那就更容易忘記了。

平常習慣的程序一旦改變，就有可能因主觀認定或誤會而發生失誤。那麼，我們該如何預防這種失誤呢？方法有兩種。

①變更已習慣的程序時要記得檢查

拿前述的例子來說，我們必須檢查定期票是否在外套口袋裡。乍看之下這是很理所當然的事，但沒檢查而引發麻煩的情況實在很常見。

為什麼會疏於檢查呢？這是因為我們雖然意識到變更，卻沒留意變更之後的風險。

當你要做變更時，應明確決定該檢查什麼東西。如果能準備一張檢查表就會方便許多，例如平常攜帶的隨身物品檢查表。

以下的內容有些專業。在品質管理領域，這種變更時的確認業務稱為「4M變更管理」，是協助防患未然的重要業務之一。

4M所代表的意思如下：

- Man（人、承辦人或作業者）
- Machine（機械、設備或系統）
- Material（材料、零件、業務用品或用紙）
- Method（業務做法或作業方法）

製造現場都會規定，假如做了有關4M的變更，就必須根據事前製作的檢查表，檢查產品的品質。希望各位也能將這種觀念應用在一般的業務上，**當你做了什麼變更時，務必檢查業務品質有沒有問題**。

因此，要讓自己有充足的時間行動。慌慌張張的時候，一定會發生麻煩或事故。只要不慌慌張張，就能夠從容地檢查有沒有忘記帶定期票。

即使程序有所改變，只要留意風險並記得檢查，就能夠防患於未然。

②將對象物移到變更的影響範圍外

以忘了帶定期票的例子來說，就是把定期票跟變更對象（外套）分開，不把定期票放在外套口袋裡，改放在餐桌上醒目的地方。

不過，變更這道程序時也要當心。因為之前並無放在餐桌上的習慣，變更後需要特別檢查定期票有無放在餐桌上。

再舉個職場的例子，若要避免最重要顧客的文件，在變更歸檔方法後受到影響，只要另外管理那份文件，就不會受到變更的影響。

無論採用何種方法，**當你變更之前很熟悉且習慣的程序時，千萬不要忘記檢查。如此一來，你就能夠預防將來有可能發生的麻煩或事故。**

7 忘記、錯覺、誤會、主觀認定的對策

我在本章的「第二階段【追究原因篇】③何謂失誤」中說明過，這些都是具代表性的失誤現象。不消說，如果能消除這四種狀況（忘記、錯覺、誤會、主觀認定）的話當然最好，但就如同第二章提到的，人類的大腦習慣，讓我們無法完全消除這些狀況。

因此，我們應以**「這四種失誤都會發生」為前提，擬訂並實施麻煩或事故的防患未然措施**。

①忘記的對策

忘記並不是記不起來，而是曾經記得，之後卻遺忘或是想不起來，結果就忘了做該做的事。

如同**圖**3－3的遺忘曲線所示，人類是健忘的動物。雖然反覆記憶可讓記憶維持一段時間，但並非完全不會忘記。

既然記憶不可靠，與其努力讓自己別忘記，還不如想出「對策」，讓自己就算忘記也不會發生問題。

至於對策則有兩種。

・養成寫筆記的習慣

乍看之下是很平凡無奇的方法，但要付諸實行並持之以恆卻出乎意料的困難。應該有不少人覺得寫筆記很費事，反正自己暫時記得住，所以就不寫筆記了。

既然寫筆記很費事，那就採用不費事的方法吧！

如果不排斥使用智慧型手機輸入文字，便可利用各種相關的應用程式。不過，如果是像我這種覺得用手機輸入文字很不方便的人，則可以運用記事本。

我個人愛用的是隨處可見的A4白紙。我都會把紙摺成四折，然後跟原子筆一起放進口袋裡。獲得新資訊或是有什麼發現時，就可以立刻掏出紙筆記下來，所以完全不會覺得費事。筆記只要寫關鍵字就行，或也可以使用自己才看得懂的記號。

一天要拿出來看個一、兩次並付諸實行，之後就能丟掉這份筆記。

既然都特地寫了筆記，如果不拿出來看或是搞丟筆記，那就沒意義了。**請各位務必找出適合自己的筆記術**。

・該做的事絕不拖延

有句俗諺說「擇日不如撞日」。另外，以前日本也曾流行過這句話：「何時要做？就是現在！」這兩句話說得真對。

當然，凡事都有優先順序。如果沒辦法立刻執行，可以趁自己還記得時，把該做的事記在「To Do清單」中。

感覺就跟寫筆記一樣。**把記憶變成紀錄，這是防止自己忘記的簡捷方法**。

第1章 第2章 第3章 第4章 第5章 第6章 資料篇

②錯覺、誤會、主觀認定的對策

跟忘記的對策一樣，**與其想辦法消除錯覺、誤會、主觀認定這三種狀況，更應該想出即使發生這些狀況也不會釀成大禍的對策**。

不知各位是否有過這樣的經驗：早上匆匆忙忙趕到車站，正要衝上平常走的樓梯時，因為人潮擁擠而跑上另一座樓梯，最後竟跳上停在另一側的電車裡。

這是因為，若從平常走的樓梯上去，右邊就是要搭的電車，但從另一邊的樓梯上去，要搭的電車則停在左邊，所以才會搞錯方向搭錯車。

解決這個問題的對策就是，查看電車要前往什麼地方。

這個解決方法如此普通，但現實中卻有很多人做不到。原因在於，他們主觀認定自己的方向是正確的，或是沒時間查看電車的目的地。

我在「6做了什麼變更時務必當心」中說明過，**務必要給自己充足的時間行動，並要養成檢查的習慣，即便是自己再清楚不過的事，或是自認為正確的事，都一定要檢查確認**。

再舉個業務方面的切身例子，有些時候我們會把日期與星期搞錯。

例如透過電子郵件通知下次的討論日程時，本來應該是「二月三日星期五」，卻寫成「二月三日星期一」或「二月六日星期五」，這種情況十分常見。

我猜是因為某些緣故，讓當事者認定是這個日期或星期，才會犯下這種錯誤。如果寄件人和收件人認定的日期不同，可能就會錯失討論的機會。若要避免這種麻煩，寄件人與收件人可分別採取以下兩種對策。

寄件人在決定好日程後，**一定要查看月曆，確認日期和星期**。

而收件人在收到日程時，也要查看月曆，**如果日期和星期搞錯，切忌自行判斷，一定要向寄件人確認**。

這種麻煩同樣可透過檢查與確認來防患未然。

下一節就為各位解說，錯覺、誤會、主觀認定引起的溝通問題。

專欄11

誤會或疏忽所引起的高速公路逆向事故

上表為日本國土交通省公布的高速公路逆向行駛件數與逆向事故件數資料。

前面介紹過海因里希法則，我們可從這張表看出，死亡件數已超過「1：29：300」法則。

這項數據足以顯示逆向事故的可怕。

媒體報導常將逆向行駛歸咎於老人痴呆症。我們當然不能忽視這個肇因，但根據二〇一五年逆向行駛發生原因之調查，失智症等疾病造成的「無逆向之自覺」僅占三成左右，過失或故意造成的「有逆向之自覺」約占七成。

高速公路的逆向行駛件數與逆向事故件數

西元	2011年	2012年	2013年	2014年	2015年
逆向件數	211	209	143	212	259
事故件數（扣除死亡事故）	22	38	29	45	38
死亡件數	5	4	5	5	8

為避免駕駛人誤會或搞錯，政府已改善道路交通標誌。

不過，要是走錯出口，卻抱著「反正只是一小段路而已，應該不要緊吧」的態度逆向行駛，特地改善的交通標誌也無用武之地。這種「疏忽」會導致重大事故發生，我們應該要有正確的觀念。

8 世上沒有完美的溝通

溝通不良，有時是錯覺、誤會、主觀認定所引起的。

較常見的情況，就是「爭論有無說過」、「沒聽說過這件事」這類沒有交集的溝通。這種情況有可能演變成業務方面的麻煩。

每個人都有自己的觀點、價值觀與判斷標準。即使關係再親近，彼此的想法也不可能完全一樣，更別說在職場，觀點不同是正常的。

若要預防溝通失誤造成的麻煩，應以「眾人的觀點、價值觀、判斷標準皆不同」為前提採取對策。

舉例來說，新任課長指示A下屬：「幫我準備明天開會要說明的資料。」於是，A複述了一次作為確認：「好，我知道了。我會準備明天開會要說明的資料。」

請問這樣的溝通究竟有沒有問題呢？

A知道明天的會議是早上九點開始，也知道會議要用哪些說明資料。A把那句話解讀為「按出席人數影印會議資料，然後帶去會議室」。但是，課長的意思其實是「在會議開始前十分鐘，把會議資料放在每位出席者的桌上」。

為什麼會發生溝通失誤呢？這是因為說話者提供的資訊「省略」了一部分。要是說話者省略了某個部分，聆聽者就會用自己過往的記憶或經驗，填補省略的部分。

以這個例子來說，說話者省略了「把會議資料放在出席者面前」這句話，於是聆聽者便以「帶去會議室」填補省略的部分。

如果是這種程度的溝通失誤，還不至於演變成大麻煩，但若是省略了重要的內容，結果可就沒這麼幸運了。解決這個問題的對策就是，改善複述的方式。**不要像鸚鵡一樣重複說話者所講的內容，應以自己的話詳細表達自己的理解。**

以這個例子來說，A應該要這樣複述：「好，我知道了。明天早上九點我會把會議資料帶過去。」課長聽到後就會糾正他：「啊，不是的，麻煩你在開會前十分鐘，把會議資料放在出席者的桌上。」如此一來就能解決溝通失誤了。

至於「爭論有無說過」的情況，這裡就舉會議的議事錄為例。開完會要寫議事錄時，大部分的人應該都是透過電子郵件傳送初稿，確認內容是否有誤。不過，這種做法可能有一點風險。

建議各位當場寫好議事錄，並在會議結束前做確認。最好的做法是，開會期間將議事內容、結論等等輸入至電腦內，再用投影機播放出來。如果沒辦法這麼做，也可以寫在白板上，確認內容無誤後請負責人簽名，然後拍照當成議事錄發布出去。

雖然拿照片當作正式的議事錄會讓人有點不放心，不過這也是一項充分的證據，可避免日後為了「有沒有說過」爭論不休。

尤其是跟顧客或廠商這類外部人士開會，要是日後為了「有沒有說過」而起爭執，就有可能演變成大麻煩。**只要有效率地寫好議事錄，並且當場確認內容，就可以預先防範麻煩。**

下一節就從專業一點的角度，談一談前述的防患未然措施。

專欄12 要找多少錢？

請各位憑直覺回答以下的問題。

「你帶著三百日圓到便利商店，買了一百七十日圓的麵包。請問店員要找你多少錢？」

想必大多數的人都會回答一百三十日圓吧？關於這個問題，其實還有另外兩種不同的見解。

・因為只買了一百七十日圓的東西，沒必要拿出三百日圓，只要付兩百日圓就好，所以店員要找三十日圓。
・不知道這三百日圓是由幾種硬幣組成。如果當中有五十日圓硬幣和十日圓硬幣，店員就不需要找錢。

一百三十日圓是以「300－170＝130」這種算法得出的答案吧。另外，這個問題提供的資訊不足，故沒有正確答案。

當我們與他人溝通時，也會發生跟這個問題一樣的狀況。

若要避免發生溝通失誤，資訊不足時一定要確認清楚，也不要憑直覺行動，這樣就足以防預防問題發生。

專欄13 預測聆聽者的誤解來防患未然

之所以會發生溝通失誤，是因為說話者的意思未能正確傳達給聆聽者。因此，建議說話者在講話的同時，也要預測聆聽者會有什麼誤解。

以下就舉幾個例子。

・日語有許多**同音異義語**。有些詞彙用寫的沒什麼問題，但用講的就有可能聽成另一個詞，這種時候就可以**拆詞補充說明**。例如，對方有可能誤把「異議」聽成「意義」，你可以改用「不同的意見」來取代「異議」。

・**如果發音相近就要當心**。舉「一」和「七」為例，如果要說「一」就豎起一根手指，如果是「七」就改說「Seven」。

．為避免對方**聽錯**英語的「十五（fifteen）」和「五十（fifty）」，用「one, five」取代「十五」，用「five, zero」取代「五十」，對方就不會誤解了。

．最近日語很溜的外國人越來越多了，不過他們未必聽得懂艱澀的措辭或諺語。因此，請務必確認對方是否聽懂了，如果用詞很艱澀難懂，就得改用簡單易懂的說法。

只要說話者多用點心，講話的同時也預測對方會有什麼誤解，就能夠預防溝通失誤的問題。

9 無法犯錯的「防呆措施」；犯錯也不會有麻煩的「故障安全措施」

如同前述，我們人類因為與生俱來的習性與大腦的習慣，無法避免忘記、錯覺、誤會、主觀認定等狀況發生，因此應以這些狀況為前提思考對策。對產業界的安全措施與製造現場的品質管理而言，這是理當具備的觀念。

本節就為各位介紹「防呆」與「故障安全」。這兩個專業術語的意思如下：

・**防呆（fool proof）是指，讓人無法犯錯的機制。**舉例來說，微波爐必須關上門才能加熱。另外，數位相機的電池也採用無法放錯方向的設計。

・**故障安全（fail safe）是指，即使犯錯也不會引發麻煩或事故的機制。**舉例來說，即使忘記關掉吹風機，裡面的溫度保險絲也會自動切斷電源。另外，鐵路號誌機故障時會亮「紅燈」。

兩者的概念截然不同。**防呆是不讓錯誤發生的機制，故障安全則是就算發生錯誤也不會造成麻煩或事故的機制。**

以辦公室的業務為例，使用電腦製作文件時，必須輸入數字的地方無法輸入文字，這屬於防呆措施。

反之，必須填寫的項目如果忘了輸入，電腦就會跳出警告，文件也無法完成，這屬於故障安全措施。

請各位想一想，家裡與職場有哪些用來回避麻煩的防呆措施及故障安全措施。

即便無法百分之百防堵麻煩與事故，我們應該也能從中獲得有關防患未然措施的啟發。

專欄14

運用月臺門預防落軌意外

從車站月臺跌落下去的事故近來很受到關注。

有些月臺因為裝設了手扶梯，導致該段通道變得非常狹窄，讓人走得膽顫心驚。解決這個問題的最佳對策就是裝設月臺門，但這個方法不僅得考量設置成本，而且還有其他的難點。

那就是，每款電車的車門數量與車門位置皆不盡相同，若開進其他公司的路線，月臺門未必支援該款電車。不過，前陣子京濱急行引進了「支援各種車門的月臺門（任意門）」，成功解決了這個問題。

如同上圖，即使車門的數量或位置不同，這種月臺門也能有彈性地應對。這項新

月臺門範例

可支援車門數量或車門位置不同的電車。

發明若能加快月臺門的設置進度當然再好不過，但目前看來還得花上不少時間才能全線設置完畢吧。

經過沒裝設月臺門的月臺邊緣時，不要慌張，也不要奔跑，應該慢慢地走過去。另外，**這個月臺門算是一種防呆措施。**

只要有了這道門，就算我們想摔下月臺也沒辦法。

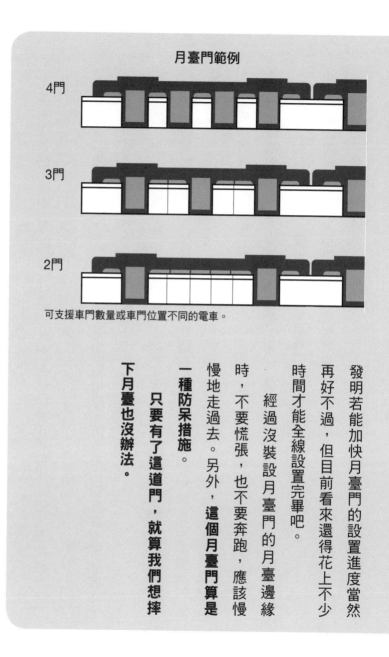

10 防止再犯活動的引導

本節就來復習前面說明過的內容，整理一下如何從防止再犯導出防患未然措施。

如同前述，單靠防止再犯措施並不足以預防未來的麻煩。這是因為，未來發生跟過去一模一樣的麻煩之機率並不高。但是，**少了防止再犯措施，防患未然措施就不可能成立**。

因此，我們就來看看這兩種措施的關聯性（參考**圖3－6**）。

如同前述，防止再犯措施是先針對麻煩的現象追查根本原因，然後再擬訂並執行對策。做好防止再犯措施後，就得實施防患未然措施。以下五點為實施防患未然措施的流程與注意事項。

①**一定要團體進行**。一個人進行的話看法不夠公正，洞察力與敏銳度也會變低。

②**整個團隊都要知道，工作或專案（防患未然措施的對象）之業務範圍**（即鎖定範圍，例如是從顧客下單到交貨為止，還是有包含售後服務）。

③**參考過去的麻煩案例，預想將來的麻煩狀況**（可以團體進行腦力激盪。不要放過任何小發現，也絕對不要否定他人的發現）。

圖3－6　防止再犯措施與防患未然措施的關聯性

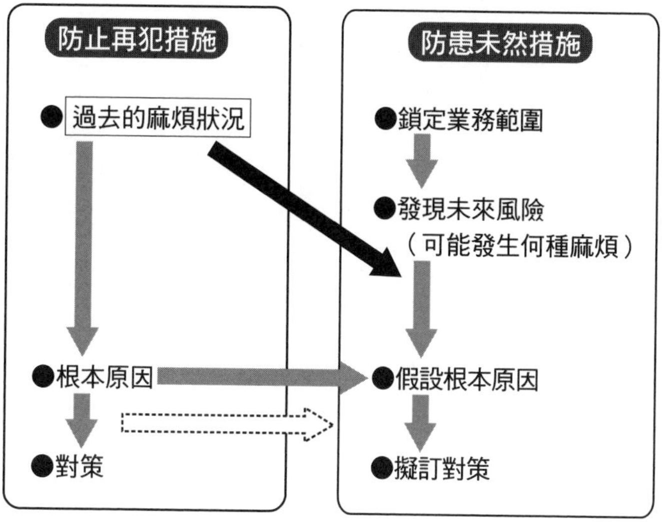

④參考過往麻煩案例的根本原因，**假設未來麻煩的根本原因**。

⑤根據假設的未來麻煩狀況與根本原因，**擬訂未來面對麻煩的對策**。

像這樣列出來一看，各位或許會覺得實施防患未然措施比想像中簡單。請大家先拿身邊的業務實際嘗試看看。

在這段過程中，以下兩件事多半會使你陷入苦戰。

・**毫無遺漏地預想將來的麻煩狀況**。

如果能百分之百預料未來的狀況，防患未然活動就等於完成了一半以上。

· **如果假設了多種麻煩狀況，該以怎樣的優先順序擬訂對策？**職場的資源有限，我們無法深度處理所有的麻煩。

下一節就來說明，該如何克服這兩個課題。

11 發現未來風險的祕訣

如同前述，若要進行防患未然，得先發現未來的風險；而過往麻煩的防止再犯活動，能引導我們發現未來的風險。

到這裡為止，相信各位都明白了這些道理。那麼，具體而言，該怎麼做才能引導我們發現未來的風險呢？

我們來看看先前介紹過的、發生在家中的「錯把醬油拿成醬汁（或把醬汁拿成醬油）」例子。

先看以下**過往麻煩案例的內容及肇因**。

· **麻煩的內容　錯把**醬油拿成醬汁

・**麻煩的肇因**　兩者的容器很相似，無法分辨（**識別不明確**）

接著，參考上述兩點，預想現在要著手的業務未來會有什麼風險。當然，我們要預想的業務跟調味料及容器沒有任何關係。

然後，如同下述，**把焦點放在麻煩的內容與肇因當中，有可能在任何情況下發生的要素上**。

・**麻煩的內容**　拿錯

・**麻煩的肇因**　識別不明確

最後，根據「拿錯」、「識別不明確」這兩個要素，預想現在要著手的業務未來會有什麼風險。

舉例來說，如果是事務作業，我們或許會發現以下的風險。

・有沒有拿錯文件

・有沒有把A廠商及B廠商搞混

・電腦裡的檔案能不能分辨清楚

圖3－7　從過去的失敗發現未來的風險之步驟

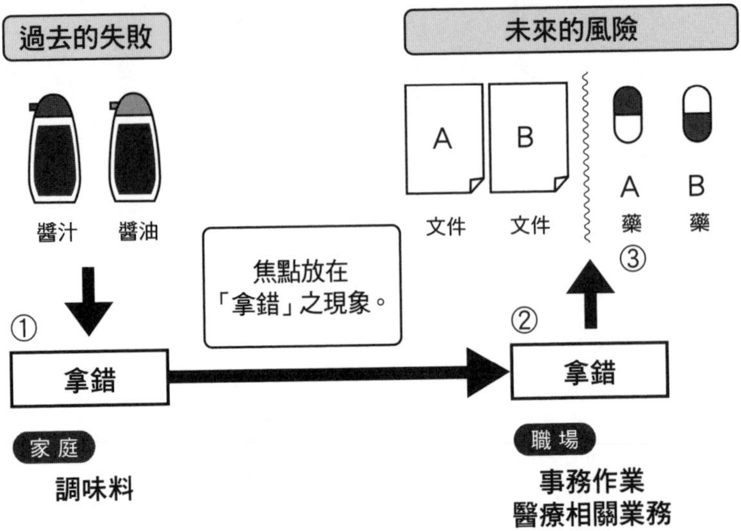

如果是在醫療設施工作，我們或許會發現以下的風險。

・有沒有拿錯藥或點滴
・能不能清楚辨識劇藥
・避免搞錯患者的對策是否完善

我們參考**圖3－7**，回顧以上的內容。

首先整理一下，從過去的麻煩案例「錯把醬油拿成醬汁」，發現未來風險的步驟。

步驟①　著眼過去的麻煩案例「錯把醬油拿成醬汁」。

步驟②　排除「醬油」與「醬汁」這

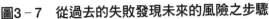

個麻煩案例中特有的要素（調味料），把焦點放在任何情況都有可能發生的「拿錯」上。

步驟③ 決定要預想何種工作的未來風險（這裡為事務作業及醫療相關業務）。然後，以「拿錯」為線索預想特定工作的風險。

本節介紹的步驟，請務必與職場的團隊一起執行。相信經過團體討論後，各位一定能夠發現各式各樣的風險。

專欄15　害人遭遇風險的陷阱

某天A挑戰爬一座高度適宜的山。由於他忘了帶地圖，只好向錯身而過的人詢問通往山頂的路線，對方告訴他：「只要沿著這條路直走就好。」平安無事抵達山頂後，他決定休息一下再回去。

第1章 第2章 第3章 第4章 第5章 第6章 資料篇

後來四周漸漸變暗，而且還下起雨來，於是A趕緊下山。途中遇到一個岔路口，他頓時納悶：「奇怪！剛才有遇到這個岔路口嗎？」

比較左右兩條路後，A覺得左邊的路往下傾斜了一點。

A認為「自己正從山頂往下走」，因此他不假思索地立刻選擇往下的左邊道路。走了一會兒，他覺得不太對勁，打算折回去。但是，天色已經暗了，A看不清楚四周的景物，摸黑在山中走來走去，最後就迷路了。

直到第二天早上，當地人才將A平安地救下山。

A在休息站休息時，當地人問他為什麼會迷路，結果他這麼回答：

・忘記帶地圖是一大失誤。

・上山時完全沒注意到有岔路口。事後才知道，從上山者的角度來看，道路呈倒Y字形，所以A才會以為只有一條路。沒想到途中竟然有岔路口……

・最大的失誤，則是下山時選擇了錯誤的路。**畢竟一般都會以為往下的路才是正確的，沒想到這裡竟暗藏「陷阱」**……

・再加上天色變暗又下雨，讓A非常著急，心想得快點下山才行。

當地人聽了之後，這般嚴厲地提醒A：

①即便爬的是高度適宜的山，也不能輕忽大意。事前應查看地圖，檢查有無岔路口。爬山時當然一定要攜帶地圖。這次A準備得不夠充足。

②**上山時，要時時留意有無岔路口。尤其是倒Y字形的道路，從上山者的角度來看，容易誤以為只有一條路，因此要特別當心。**

③下山的過程中，有時也會遇到需要上坡的狀況。因此必須拋開「下山時走的全是下坡路」這種先入為主的觀念。

④要給自己充足的時間行動。心裡一急就容易判斷錯誤。

登山時的誤解範例

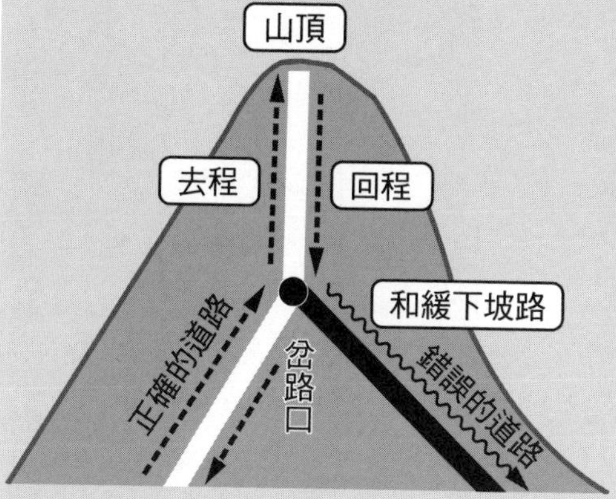

要小心「下坡＝回程」之刻板印象。

A認為，類似的麻煩也有可能發生在自己的職場。於是隔週上班時，他隨即在職場分享這件事，眾人因而開始討論，職場內是否暗藏著自己沒發現的「陷阱」。

12 未來風險的處理優先順序

發現許多未來的風險是很值得高興的事，但要處理全部的風險又會增加業務量，這並不是一件容易的事。

因此，我們要安排優先順序，先從重要的風險著手處理。

本節就為各位介紹，由團隊來安排優先順序的方法。

首先，我們必須按以下三個要素評估各項業務的風險。

①重要度　該風險引發麻煩時，是否會造成重大的影響？

②發現難易度　該風險引發的麻煩是否難以發現？

③頻率　該風險引發的麻煩發生頻率高嗎？

換言之，**我們可將重大風險定義為：發生麻煩時會造成龐大損害、不易在麻煩浮上檯面前發現，且麻煩的發生頻率很高之風險**。

按這三個要素，評估每一個從防止再犯活動導出的未來風險時，**必須由團隊以客觀的角度進行評估。這是因為如果摻雜主觀意見的話，決定優先順序時，團隊內部就很難達成共識**。

因此，我們來給這三個要素打分數。分數越高者即為重大的（嚴重的）風險。打分數的方法五花八門，這裡先介紹簡單的三分法。

①重要度　「三分」代表重要，「兩分」代表中等，「一分」代表輕度

②發現難易度　「三分」代表困難，「兩分」代表中等，「一分」代表簡單

③頻率　「三分」代表高，「兩分」代表中等，「一分」代表低

至於這「三分」、「兩分」、「一分」的判斷標準，請團體討論再做決定。

以拿錯廠商的文件為例，我們可以做出以下評估。

①重要度為重要，所以給「三分」，原因是機密資訊有可能外流到其他公司。

②發現難易度為困難，所以給「三分」，原因是有可能直到其他公司提醒才會發現拿錯文件。

③頻率為中等，所以給「兩分」，原因是有交易往來的廠商並不多，只有十家左右。

最後，**將這三項要素的分數相乘，看看分數是高是低**。

換言之，最高（最重大的風險）是「3×3×3＝27」，最低（最輕度的風險）是「1×1×1＝1」。只要團隊根據計算出來的總分決定優先順序，應該就能保有一定的客觀性。至於這個例子的總分則是「3×3×2＝18」。

我們應從總分高的風險依序研究討論。

不過，某些業務特別重視重要度，即使發現難易度及頻率分數很低，只要重要度高依舊會列為重大風險。所以說，對於鮮少發生，但只要發生一次就無法挽回的重大風險，我們可能必須根據重要度來進行評估。關於這個部分，請團體討論後再做決定。

順帶一提，品質管理領域早已引進這個觀念。

尤其在汽車產業的設計開發部門，這個觀念更是必不可缺。這種做法專業術語稱為ＦＭＥＡ，即Failure Mode and Effects Analysis的簡稱，在日本譯為「故障模式與影響分析」。

所謂的故障模式，就是我們發現的未來風險。另外，在ＦＭＥＡ中，三項要素相乘的值稱為ＲＰＮ（Risk Priority Number，風險優先數）。各位沒必要記住這些專業術語，**只要曉得本節介紹的方法是基於品質管理的觀念，而且在世界各地都有實績即可。**

13 預料意料之外

「預料意料之外」是先前介紹過的、畑村洋太郎教授的著作名稱。自從發生東日本大地震後，「意料之外」這個詞就變得很常聽到、看到。不過，這個詞卻帶給我「既然無法預料，那就沒辦法了」這種閃避責任的感覺。

既然「沒辦法」，只要沒人受傷就好，然而現實中並不會發生這種好事。「意料之外」大多可分為以下三種情況。

①雖然料想到某個狀況，但大多數人皆持否定看法，認為「這種事鮮少發生」，因而將這個狀況視為意料之外。

②雖然料想到某個狀況，但實施對策的費用可能很龐大，因而樂觀認為「目前應該不會發生這種事」，刻意將這個狀況視為意料之外。

③完全無法預料、沒想到某個狀況，例如：「沒想到會發生這種事故……」

關於①的情況，請尊重少數意見，好好地認真討論，不要輕易將料想到的狀況視為意料之外。關於②的情況，請絞盡腦汁想出良好的對應方法，並討論如何減輕實施費用。①和②都已經發現風險了，千萬別白費了好不容易獲得的發現，請認真地預先防範。

問題比較大的是③，完全沒發現風險，結果卻發生麻煩或事故的情況。

若要避免這種情況，就得從過去的麻煩案例防止再犯結果，發掘出未來的風險，這也是本書一再強調的防患未然關鍵。

換言之，本書的目的之一，就是幫助大家回避③的情況。

我們無法控制麻煩或事故發生之後的影響程度。發生意料之外的事情後，究竟會成為一則笑話，還是演變成大麻煩，全看結果而定。

我在第二章說明過，人類的大腦有著「只思考意料之中的事」這個習慣。希望各位從今以後，別再將事情分成「意料之中」與「意料之外」，要記得預想所有的風險，防患於未然。

另外，假如你使用本書介紹的各種方法，順利發現了未來的風險，請記得運用「⑫未來風險的處理優先順序」解說的客觀手法（FMEA），評估你發現的每一種風險。只要根據評估結果決定風險的處理優先順序，之後要回頭檢視就不難了。

意料之中與意料之外的界線模糊不清，而且因人而異。不要覺得既然是意料之外就不去處理它，請根據客觀的評估結果決定風險的處理方式。

14 藉由防患未然達到削減成本及業務改革之效果

如同本章「第一階段④早期處理麻煩」的說明，只要在工作的上游工程發現麻煩，便能將處理麻煩的成本降（削減）到最低（參考圖3－2）。

如果在工作的上游工程發現麻煩，由於損害較小，只要早期處理便可減少處理麻煩的成本。不過，防患未然活動的目的是消除麻煩本身，因此可以期待更大的削減成本效果。

此外，我們還可透過防患未然活動，將之前沒發現的潛在問題，例如組織的理想狀態、工作的進行方式、與廠商之間的關係等各種問題顯在化，因此也可促進職場推動徹底的業務改革。

如同本書的書名，假如實施防患未然活動後，我們再也不需要處理麻煩的話，那就可以把處理麻煩及善後的時間和人力，運用在更有建設性的工作上，例如開拓新客戶、研發新產品等等。

不消說，這不只有助於企業提升業績，還可以提高員工的工作動力。

實施「防患未然」可期待各式各樣的效果，請各位務必從現在開始做起。

◇第三章　第三階段總結

①防止再犯與防患未然是兩種息息相關，卻又「似是而非」的觀念。首先要正確了解兩者的差異。

②防患未然是提前投資。比起麻煩發生之後才處理，防患未然可將處理成本壓得更低。換言之，防患未然也是一種削減成本的手法。

③養成平常就會留意風險的習慣，防患未然活動便能進行得更順利。

④一個風險有好幾種防患未然對策。只要實施其中一種對策，就有可能避開大麻煩。

⑤光是回顧切身的虛驚體驗，就能夠防患於未然。

⑥變更往往是引發麻煩的肇因。當自己做了什麼變更時務必留意之後的風險，這點很重要。

⑦任何人都會發生忘記、錯覺、誤會、主觀認定這類失誤。只要以「一定會犯錯」為前提擬訂對策，就能防患於未然。

⑧溝通不完美是很正常的。因此，我們必須準備各種對策，例如用自己的話複述對方

所講的內容、當場確認會議的議事錄是否有誤……等等。

⑨請先認識「防呆」與「故障安全」這兩種觀念。

⑩防止再犯能引導我們防患未然。因此，確實做好防止再犯是一件至關重要的事。

⑪若要發現未來的風險，首先應把焦點放在過去的麻煩案例當中，有可能在任何情況下發生的要素（麻煩的內容與肇因）上，然後參考這個要素預想未來的風險。儘管是有點複雜的概念，請各位多練習幾次，久而久之就能駕輕就熟。

⑫處理數種未來風險時，應根據風險的重要度、發現難易度、頻率進行評估，再決定處理的優先順序。這種做法能客觀評估風險，因此團隊容易取得共識。

⑬預料意料之外，可提高防患未然的精確度。

⑭我們可藉由防患未然達到削減成本及業務改革之效果。

第四章

實施團隊全員參加的防患未然措施

實施防患未然措施時，團隊全員參加的成效會比個人單獨進行來得更大。本章將為各位解說，團體進行防患未然活動時的注意事項。

1 鳥之眼、蟻之眼及第三者之眼

本節要說明的是，該如何透過團隊合作進行防患未然活動。進行防患未然活動時，希望各位能夠運用以下三種「眼睛」。

- **鳥之眼**　縱觀整體
- **蟻之眼**　毫無遺漏地細看
- **第三者之眼**　客觀檢視

以下就舉個例子來解說這三種「眼睛」。

某生產設備設計公司展開了一項新專案。顧客委託他們設計三種設備。執行這項專案時，相關人士、組織與這三種「眼睛」呈現如下的關係（參考圖4－1）：

・專案經理擁有「鳥之眼」。

・三種設備的設計部門擁有「蟻之眼」。

・品質保證部門擁有「第三者之眼」。

執行專案的過程中，這三種「眼睛」該發揮什麼樣的作用，才能夠成功預防麻煩呢？

設計部門一至三部要先充分了解顧客的要求事項，再執行設備設計業務。這種時候，設計部門應回頭檢視以前負責過的類似設備設計圖，以及當時預想的風險與對策，接著預想本次專案的風險。然後，將風險對策反映在設計業務上。

但是，各設計部門有可能因為過於專注在自己負責的設備上，從而忽略了全貌。實際上，這三種設備並非各自獨立，三者為從屬關係。

圖4－1　執行專案不可或缺的三種眼睛

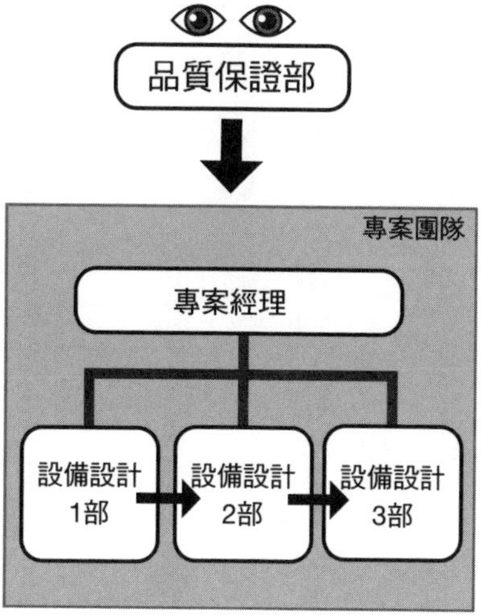

也就是說，第一種設備和第二種設備發揮各自的功能，最後再用第三種設備完成顧客想要的產品。

因此，專案經理必須用「鳥之眼」縱觀整體才行。

這時應注意以下三點：

①**謹記顧客的要求事項**，檢查各項設備的設計規格。

②指示各設計部門，**清查過去的類似設備與這次設備兩者的共同點與相異點**。

③**找出各設計部門的誤解與主觀認定，檢查預想的風險有無遺漏**。這三點是專案經理的最大任務，只要達成就能提高防患未然的精確度。

這是專案經理的使命，也是他該做的事。

然而現實中，有時連專案經理都會產生誤解或主觀認定，結果漏掉了重要的風險。因為這個緣故而發生麻煩或客訴的情況也是隨處可見。

畢竟專案經理既是麻煩的當事者，又是專案的一員，想擺脫過去的束縛或許不太容易。

有時我們以為自己縱觀整個專案，實際上卻拘泥於某個部分，要由外客觀檢視整個專案並非易事。

所以才需要第三者之眼。

在這個例子中，第三者之眼的角色是由品質保證部門所扮演。相較於專案部門及設計部門，品質保證部門就算不具備有關設備的詳細知識與經驗也無妨。不過，這個部門必須要能不受過去的束縛，客觀地檢視專案。這裡所說的客觀，是指由外檢視專案。

實施防患未然措施時，必須具備客觀的觀點，這很重要。

若要客觀檢視專案，就該留意以下幾點。

・第一個前提是品質保證部門有權接受專案相關人士提出的風險報告。另外，品質保證部門不只是顧問，還要對整個專案的產品品質及業務品質負責。換言之就是具有權限和責任。這裡所說的業務品質，是指執行專案時，團隊有多遵守事前決定的程序。

・如圖4－2所示，**要站在設計公司的立場與顧客的立場，用雙方的觀點縱觀專案。提升顧客滿意度之觀點更是特別重要。**

・要求各設計部門，對照過去的類似設備與這次設計的設備，徹底**檢驗兩者的共同點**

圖4－2　由外檢視專案的第三者之眼

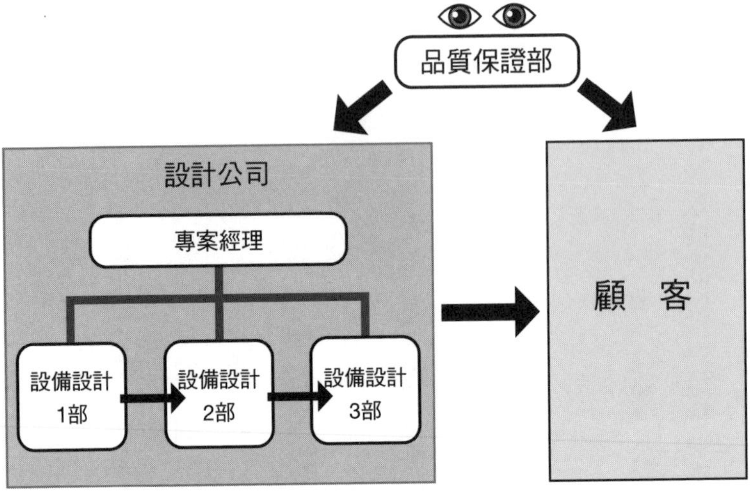

與變更點。之後，再從檢驗結果**發掘出本次專案的所有風險**。

・**向專案經理確認他如何檢驗各設備規格**是否符合顧客要求。除此之外，也要確認專案經理用何種檢驗方法檢查有無遺漏風險。

・**冷靜面對專案相關人士，絕對不能妥協**。假如認為彼此都是專案成員而偏袒相關人士，便很難保持客觀的立場。

這個角色未必要由品質保證部門扮演，但負責的單位**必須徹底保持中立的立場**，不依靠特定部門，還要能理解顧客的觀點。

另外，每個階段都要舉行會議（設計審查），請專案相關人士提出被要求的報告，大家一起確認風險並討論對策。

請專案經理務必召開這場會議。

當然，扮演第三者之眼的品質保證部門一定要出席。開會時，品質保證部門要用第三者的觀點客觀檢視專案，至於已批准的對策就列入決定事項。這樣一來，整個專案團隊就能展開防患未然措施了。

要達成第三者之眼的任務並非易事。

請各位多參與幾次專案，慢慢培養這種「眼睛」。**當你能充分發揮這種「眼睛」的能力時，防患未然活動的水準肯定也會大幅上升。**

2 消除團隊裡的「結果好，一切都好」之錯誤觀念

俗話說：「結果好，一切都好。」意思是即使過程中遭遇許多苦難，只要最後（結果）發生好事，一切的苦難都可以接受，也算是有個圓滿的結局。

但是，我所認為的「結果好，一切都好」卻是不一樣的觀念。

我們試著把這句話套用在商務上。假如執行的是僅此一次的專案，無論過程中犯了多少失誤，只要最後成功完成，顧客也給予很高的評價，那麼結局或許可以算是很圓滿。

但是，我們的生意並不是做完一次就結束，之後還會有別的工作找上門。

再以棒球為例，假設比賽陷入一分之差的拉鋸戰，進入尾聲時，雙方都希望能再拿下一分。在無人出局，一壘有人的狀況下，教練當然會下達短打暗號。但是，打者漏看了暗號，沒擊出安打或犧牲打就下場了。所幸，下一位打者擊出全壘打，最後這支球隊贏了比賽。

假如這是一場淘汰賽，只要球隊贏了最後這一場比賽，即使過程中發生短打失誤，也會覺得「幸好最後獲勝了」而不追究失誤吧？

不過，要是在打職棒那種漫長的錦標賽時發生這種失誤，各位若是這支球隊的教練，還有辦法感到百分之百的開心嗎？

一般的事業也跟職業棒球一樣，並非一次定輸贏。

要做出成果，**就得按照決定好的程序進行每一項工作，這點很重要**。不只防患未然活動重視程序，任何工作都是如此。

雖然有時就算省略程序也能做出成果，但這只是「湊巧」得到的結果。拿前述的棒球例子來說，球隊能獲勝只是因為「湊巧」擊出全壘打。

「湊巧」即是偶然發生，無法期待每次都能這麼好運。不過，只要我們腳踏實地按照程序進行，就一定能有好的成果。

防患未然活動也是如此。只要踏踏實實地執行前面介紹過的每一項防止再犯措施與防患未然措施，就一定能成功防患未然未來的麻煩與事故。

反之，**如果在執行某項專案時偷懶，沒有實施防患未然措施，即使這次湊巧沒發生麻煩，也不保證下次的專案能發生這種「湊巧」**。

這裡跟各位介紹一個案例。我在品質保證部門任職時，曾跟某工廠負責人討論客訴問題，以下是我們的對話內容。

我：「聽說三個月前，工廠曾因為品質問題而接到客訴。請問是什麼樣的狀況呢？」

工廠負責人：「A廠商忘了裝配重要的構成零件，結果那批貨就這麼交給客戶了。接到客戶的投訴後，我們立刻要求A廠商提供替代品。當然，我們也嚴厲警告A廠商老闆了。」

我：「為什麼交貨給客戶之前，你們工廠沒有檢查？這項產品的品質責任不在於A廠商，而是你們工廠耶？」

工廠負責人：「因為工廠目前忙得不可開交。我們跟A廠商合作多年，十分信賴對方。這次只是A廠商湊巧忘了檢查品質吧。」

我：「那麼，你們採取了什麼樣的防止再犯措施？」

工廠負責人：「我們指示A廠商，重新檢討產品的出貨前檢查手冊，要讓相關人士都熟悉這道程序。」

我：「請問你有到現場確認，為什麼會忘了裝配構成零件，以及為什麼沒在最終檢查發現失誤嗎？」

工廠負責人：「就像我剛才說的，我們已經請A廠商改善。而且我目前很忙，實在沒空親自到A廠商的現場確認。客訴是之前發生的事，現在已經解決了。更何況，自從三個月前出狀況以後，到目前為止都沒再發生任何問題，我很滿意A廠商的處理方式。」

當然，這場討論並未就此結束。後來我去了一趟工廠，向負責人說明他本來該做哪些事。

言歸正傳，這位負責人的處理方式哪裡不妥呢？

很顯然的，他並未做好防止再發生的防止再犯措施。但在這之前，**最大的問題是，「自從三個月前出狀況以後，到目前為止都沒再發生任何問題，我很滿意A廠商的處理方式」這個想法**。

這種想法根本就是「結果好，一切都好」。

儘管沒做好防止再犯措施，之後卻沒發生問題，這不過是「湊巧」罷了。如果放著這種狀態不管，將來一定又會發生同樣的狀況，或是類似的問題吧。這樣的情形總是不斷上演，我們應該毅然決然地拋開這種想法。

再強調一次，**要有正確的程序才有好的結果，而不是有好的結果，就代表程序正確**。只要團隊裡有一個人認為「結果好，一切都好」，就無法達成團隊全員參加防患未然活動之目標。請一定要跟全體成員分享這個觀念。

3

防患未然是採取攻勢的提前投資

本書自始至終都在強調防患未然的重要性。接到客訴時，緊急處理顧客反應的問題，並防止問題再度發生是最基本的對應辦法，這算是採取「守勢」的做法。

反觀防患未然則是預想尚未發生的未來麻煩，擬訂並執行對策以防麻煩發生，這算是採取「攻勢」的做法。

若以保守的觀點來看，有些人或許會覺得只要採取「守勢」就夠了，自己實在無暇發動「攻勢」。這樣一來，防患未然的優先順序就會下滑。

可是，如同前述，只要發生一次麻煩或事故，就得浪費龐大的成本和時間去處理問題。

反觀防患未然花費的成本並不多。假如是在初期階段，我們只要稍加留意未來風險並採取對策，就足以預先防範問題。

畢竟每個職場的資源都很有限。我並不是要各位從早到晚、一整天都得進行防患未然活動，只是希望大家能把防患未然的優先順序提高一點。

從以前到現在，我在各種職場都曾聽過否定防患未然的意見，例如：「雖然明白防患未然的必要性，但現在人手不足，況且也不知道未來會不會發生那種事，實在投資不下去。」我也不是不了解他們的心情，但我實在無法贊同這種想法。

就是因為沒做好充分的防患未然措施，我們的周遭才會天天發生許多麻煩與事故。這些麻煩與事故，絕大多數是可以預防的。

真的很希望大家能快點醒悟過來。拜託，**別讓同樣的麻煩與事故一再上演，害你我留下痛苦、難過的回憶**。

防患未然即是提前投資。無論是哪家公司都會為了將來著想，而培育人才或投資設備，其實防患未然也是同等重要的業務。

請各位務必跟職場裡的團隊好好討論一下，**「防患未然即是提前投資」這項攻勢的意義**，讓每一位團隊成員都具備「未雨綢繆」的觀念。

第1章 第2章 第3章 第4章 第5章 第6章 資料篇

4 團隊的成功經驗可提升工作動力

請問各位，以下兩項業務，何者能讓你拿出幹勁呢？

・因下屬或後進的失誤而發生客訴，自己卻得收拾善後時。

・預想未來風險，跟團隊一起進行防患未然活動時。

不消說，處理客訴是一件讓人提不起勁的工作。

因為這是該做的事，做得好是應該的，沒人會肯定、誇獎自己。更何況犯下失誤的人，不是自己而是下屬或後進，這就讓人更提不起幹勁了。雖然明白支援年輕人，是上司與前輩應該做的事，但大家還是很想逃避這種工作。

那麼，換作是防患未然活動呢？跟團隊一起討論，預想未來的風險並擬訂對策，是一種具創造性的工作。跟挨顧客罵還要收拾善後相比，從事防患未然活動更讓人提得起勁吧？

不過，假如只是事務性地進行流於形式的防患未然活動，這樣是不會有成果的。因為，一旦防患未然活動令人質疑「這麼做真能減輕未來風險嗎？」，不僅周遭不會予以肯定，參加者的動力也會低落。

當我們能與團隊共享防患未然的成果時，才會真正感到幹勁滿滿。換句話說，要提高幹勁與動力，不可缺少的就是團體進行防患未然活動之成功經驗。

若要獲得成功經驗，就得花心思設定目標並設計查核方法，以促進我們獲得成果。我將在下一節說明這個部分。

5 設定能提高幹勁的目標

我想各位的職場，每年應該都會在新的會計年度開始前，制訂一整年的活動計畫（行動計畫）。請問，你們會一併設定活動的目標嗎？本節就來介紹KPI（Key Performance Indicator＝關鍵績效指標）這個經營管理指標。

以下舉幾個訂立活動目標時所設定的KPI範例。

・如果是銷售部門，就會以訂單金額或新客戶訂單件數作為KPI。

・如果是製造部門，就會以工廠的工程內不良率或交期遵守率（有無按照顧客的要求交貨）作為ＫＰＩ。

・假如人事部門要減少全公司的加班時間，就會以各部門的加班時間作為ＫＰＩ。

・如果是ＩＴ部門，就會以系統失靈時間作為ＫＰＩ。

那麼，防患未然活動的ＫＰＩ該怎麼設定才好呢？

研究這個問題時，必須以下述兩個條件為前提。

・能夠觀察防患未然活動的進展狀況。

・要能提升活動參加者的幹勁。

這裡之所以強調要能提升幹勁，有它的道理在。

防患未然活動最好是所有部門一起參與，但無論是哪個部門，應該都會覺得防患未然活動並非自己本來的業務。

若要推動各部門眼中非原本業務的防患未然活動，就得採取能提高幹勁的措施。

換句話說，**只要能清楚掌握活動的進展狀況，並且讓活動參加者覺得「幸好有參與」，活動便能持續下去吧**。

那麼，我們該以什麼作為防患未然活動的ＫＰＩ呢？通常大家最先想到的就是，客訴件數或客訴造成的損失金額。這種有關客訴的數值是否適合作為防患未然活動的ＫＰＩ，得視業務的性質而定。

舉例來說，假如顧客訂購商品或服務後，公司能在短時間內（一星期左右）得到顧客的評價，即符合前述的兩個條件，因此有關客訴的數值就適合作為ＫＰＩ。

不過，如果是需要花上一、兩年的長期專案活動，用有關客訴的數值作為ＫＰＩ就會有一點問題。原因在於，實施防患未然活動後，必須等上一、兩年才能知道有無發生客訴。也就是說，活動時期與顯現結果的時期之間有很大的時間差（time lag），故不符合前述的兩個條件。

假如活動結果不能立即以數值形式呈現，我們就無法查核，也會影響活動當事者的幹勁。因為他們雖然參與了活動，卻不曉得到底有沒有成果而心生懷疑。既然如此，我們該設定何種ＫＰＩ比較好呢？

簡單來說，**就是未來風險的「發現件數」與「對策件數」**。

為什麼這兩種件數適合當作ＫＰＩ呢？

說明原因之前，我們先簡單回顧一下防患未然活動的程序。

①參考防止再犯活動的結果，預想未來風險（**反映在發現件數上**）。

②決定未來風險的優先順序，擬訂防患未然措施並付諸實行（**反映在對策件數上**）。

③減少麻煩或事故（**反映在麻煩發生件數或麻煩造成的損失金額上**）。

第一個前提是這三道程序為相關關係。換言之，發現件數和對策件數一增加，麻煩發生件數或麻煩造成的損失金額就會減少。另一個前提是，想增加對策件數，就得增加發現件數。

不過，如果只觀察一、兩項業務或專案，這種相關關係就有可能不成立。有時即使沒執行對策，也不會發生麻煩。反之，就算實施許多防患未然措施，仍有可能發生大麻煩。

我們的事業並非一次定輸贏。用長遠的眼光來看，增加「發現件數」，必定能增加「對策件數」，更可減少麻煩發生。

假如麻煩並未減少，有可能是沒發現真正的風險，或是對策沒抓到重點。

如果事實真是如此，就必須回頭仔細檢視，為什麼自己的發現或對策無助於減少麻煩，並且加以改善。

請針對這裡介紹的「發現件數」與「對策件數」，為每項業務或專案設定目標。然後，每個月統計一次並回頭檢視，如果有不足之處就努力改善，並繼續進行防患未然活動。

有些人可能會質疑：「一味地增加件數真的有意義嗎？」當然，要提升發現與對策的「質」，最好是跟團隊一起討論，但焦點若全放在「質」上，件數就不會增加，防患未然活動也有可能停滯不前。

這裡跟各位介紹我的親身經驗。以前在汽車公司任職時，我們曾針對提案制度做了一番討論。最後，我們決定給每個部門、每個職場團隊設定目標件數，以發展這項制度。

但是，有些人贊成這個決定，有些人則持反對意見。反對者認為，如果設定了目標件數，可能會發生濫竽充數的情況，這樣反而得多花時間審查提案。

這麼說也有道理，不過當時我們做出的結論是：只要增加提案件數，優質的提案理應也會變多。

防患未然活動也可說是一樣的情況。我的意思並非不管內容如何，只要增加件數就好，但是要讓活動向下扎根，的確需要增加發現件數與對策件數。因此，請各位依據本書介紹的觀念，跟團隊一起好好討論。

另外，**只要達成發現件數與對策件數的目標，就可以期待活動參加者湧現幹勁，繼而提高眾人的防患未然意識，形成一個良好的循環。只要增加件數，肯定能提高發現與對策的「質」**。

6 運用PDCA讓防患未然更上一層樓

如同前述，所謂的防患未然就是在職場中發現許多未來風險，接著替這些未來風險排出優先順序，再擬訂對策並付諸實行。不過，防患未然活動並非這樣就結束了。我們還必須查核，這項「發現」或「對策」，對於防患未然麻煩有多少貢獻。除此之外，如果有不足之處就必須改善，讓下次的防患未然活動更上一層樓。

因此，每當一件工作告一段落時就要安排機會，由團隊主動查核未來風險之發現或對策的結果。

至於要多久查核一次，你可以每個月設置一個段落，假如是專案活動，也能以每個活動階段為一個段落。

然後，請用以下四種觀點進行查核。

①執行過的每一項對策有何成果？

②有沒有感受不到成果的對策？實施對策後，工作是否反而變得更難做？

③回頭檢視未擬訂及執行對策的「發現」，評估擱置不處理是否真的正確。

④有無沒發現風險，結果卻發生麻煩的情況？

關於成果，只要有一點好結果就該主動予以肯定。例如，「變更檔案的標題後就不再拿錯文件」之類的小成果也ＯＫ。**別用扣分方式打分數，應以加分方式評斷，請積極主動地找出成果。**

實施對策之後，也有可能感受不到成果，或是工作反而變得更難做。這種時候別給予負面評價，請回頭檢視找出原因。

回頭檢視執行過的對策，非常有助於我們實施下一項防患未然措施。畢竟對策未必都是完美無瑕。

如同前述，研擬對策時得先安排優先順序。不過，當我們有許多「發現」時，某些「發現」的優先順序可能比較低，因而暫不擬訂對策。

日後查核時，**若有擱置某個「發現」卻導致麻煩發生的情況，就表示優先順序的安排有問題**。回頭檢視這個部分同樣是非常重要的事。

另外，**假如最初的階段完全沒發現未來風險，之後卻發生麻煩的話，請務必回頭檢視當初為何沒發現這個風險。這是四種查核當中最重要的項目**。

這種情況若不是漏掉風險，就是因為某個緣故而排除風險。請把這個狀況視為最大重點課題，跟團隊一起仔細檢討。

以上的內容是根據ＰＤＣＡ的觀念來整理的。所謂的ＰＤＣＡ即是Ｐ（Plan，計畫）、Ｄ（Do，執行）、Ｃ（Check，查核）、Ａ（Action，改善）。

- **P（Plan，計畫）**　替發現的未來風險安排優先順序，然後擬訂對策。
- **D（Do，執行）**　執行對策。

・C（Check，查核）以四種觀點查核防患未然措施。

・A（Action，改善）根據查核的結果進行改善。

如果少了C和A，活動等於是做完就不管了，這樣一來特地進行的活動也會越來越退步。只要推動PDCA循環，就能夠持續改善防患未然活動。我們可以期待改善之後，從下回開始防患未然活動能夠越來越進步，更上一層樓。

7 整個團隊都要具備ISO9001的觀念

ISO9001是品質管理系統的主要國際規格，由ISO（國際標準化機構）所制定。ISO有許多種類，其中ISO9001與防患未然有很深的關係，本節就為各位稍作介紹。

各位的公司或許已引進ISO9001了。引進之後，必須定期進行外部稽核與內部稽核。

以前進行稽核時，看的是業務的做法與文件是否符合ISO9001的要求事項，換言之就是重視符合性。

不過，現在進行稽核時，**不只看符不符合要求事項，還要看業務與文件對於品質改善（ＩＳＯ９００１本來的目的）是否有效發揮作用**，換言之就是**重視有效性**。

如果只是修飾業務做法或文件內容，使其表面上符合ＩＳＯ９００１的要求事項，只會讓ＩＳＯ活動流於形式，一點意義也沒有。業務程序不只要符合ＩＳＯ９００１的要求事項，還必須對品質改善有所貢獻才行。

引進ＩＳＯ９００１的目的在於品質改善，而不只是為了取得認證而已，希望各位能夠理解這種重視有效性的觀念。

防患未然也可說是一樣的道理。執行符合防患未然觀念的業務程序後，必須要能有效減輕未來風險，消除麻煩與事故才行。如果只是單純實行決定好的事，活動便會流於形式，並且越來越退步。

如同前述，**推動防患未然活動的ＰＤＣＡ循環，能使防患未然活動發展成重視有效性的活動**。只要團隊成員都具備這種觀念，並時時確認活動是否有效，團隊的向心力一定會增強。

請各位務必推動能提升整個團隊的幹勁，並且能有所收穫的防患未然活動。

◇第四章總結

①團體進行防患未然活動，會比一個人進行更具成效。團體進行活動時，不可缺少鳥之眼、蟻之眼、第三者之眼這三種眼睛。

②只要逐一執行防患未然活動的程序，便可期待良好的結果。請一定要親身體驗，並與團隊分享。務必拋開「結果好，一切都好」的想法。

③麻煩發生之後的緊急處理與防止再犯是採取守勢的基本業務，防患未然則是採取攻勢的提前投資。

④實施防患未然活動，能夠提高團隊的幹勁。請務必與團隊一同體驗看看。

⑤設定正確的目標能讓活動持續下去。我們可用「發現件數」與「對策件數」這兩種切身的數值，作為防患未然活動的目標。

⑥推動PDCA循環，可使防患未然更上一層樓。做完就不管了，反而會使活動退步。特別是PDCA中的「C（查核）」與「A（改善）」，這兩道程序一定要執行，這點很重要。

⑦對於防患未然，團隊要有重視有效性的觀念，不要只重視符合性。

第五章

三個階段（緊急處理、防止再犯、防患未然）的個案研究

第三章為各位解說了麻煩發生之後，必須經過的三階段處理：緊急處理、防止再犯及防患未然。第四章則說明，如何靠全體成員合作實施防患未然活動。

本章就舉一個案例，為各位說明這三個階段的具體進行方式。

這個案例多半跟各位職場的業務有所出入，請置換成自己的業務，靈活運用本篇個案研究。

另外，也請各位立即找出一個職場案例，跟團隊一起試著實踐這三個階段的處理方式。知識必須實際使用過才會變成自己的東西。付諸實行是很重要的。

Case Study

■忘記訂貨

・業務內容與團隊介紹

年過三十五的岡本，是外資汽車公司日本分公司的中堅員工，隸屬零件管理部。身為課長的他擁有兩名下屬（土橋與相田）。

零件管理部的組織才剛成立不久，尚未決定業務分工，再加上成員還不熟悉業務，因此時常發生各種小狀況。

・岡本團隊的任務

①訂貨業務

售後維修用零件每個月要向歐洲總公司訂一次貨。

平常是由承辦人土橋整理訂貨資料，然後交給ＩＴ部門的吉崎，將資料傳送給歐洲總公司。

關聯公司則負責受理全國經銷商（銷售汽車與零件的店）的訂單，以及零件的庫存管理。

另外，每個月向歐洲總公司訂購零件的截止日，為中央歐洲時間第四個星期五的早上八點（日本時間為同一天，冬季為下午四點，夏季為下午三點）。

②系統研發

目前零件管理部正與ＩＴ部門共同研發日本分公司才有的零件收發訂單系統。土橋兼負零件訂購業務，主要負責管理系統的輸入與輸出資料。ＩＴ部門的吉崎也是這項專案的成員。

由於進度嚴重落後，目前專案成員忙得不可開交。這項專案的負責人是ＩＴ部門的南川經理。

・狀況的內容

零件管理部的土橋為了補回專案的進度，星期六也到公司上班。當時，ＩＴ部門的吉崎問他：「土橋先生，我記得昨天是零件的訂貨截止日，你已經把本月份的零件訂貨資料給我了嗎？」這時土橋才發現，自己忘記訂零件了。

那麼，接下來就為各位說明，遇到這種麻煩時，該如何實施這三個階段的對策。

第一階段 緊急處理

1 報告問題狀況與協商緊急處理措施

發現自己忘記訂貨之後，隔週星期一早上，土橋等岡本課長來公司上班後，才向他報告忘記訂貨的事實。

土橋：「課長，對不起。我忘記向歐洲總公司訂購零件了。真的很抱歉，是我疏忽了。」

岡本課長：「你是何時發現忘記訂貨的？我記得截止日是上週五對吧？」

土橋：「是的，沒錯。上週六我為了系統研發的事到公司上班，當時，ＩＴ承辦人說他沒收到訂貨資料，我才發現自己忘記訂貨。」

岡本課長：「**發生失誤後最初的行動很重要**。你太晚報告了。關聯公司和經銷商週六週日都有營業，不能讓需要零件的顧客久等。你應該知道我的手機號碼吧？我再強調一次，發生緊急狀況時，就算是週六週日或假日也要立即處理。」

土橋：「是，我明白了。」

岡本課長：「還有，歐洲總公司必須處理來自全球一百多個國家的零件訂單，不可能單獨為了日本分公司的要求改變受理訂單的程序。我們必須另外想辦法才行。」

土橋：「……」

岡本課長：「**之後再聽你解釋**。現在得立刻進行以下的緊急處理。」

岡本課長提出以下的緊急處理措施。括號內為實施負責人。

①向關聯公司報告忘記訂貨並賠罪（岡本課長）。

②透過電子郵件及電話（於當地時間一大早打去），告知歐洲總公司忘記訂貨的事實，並討論能否緊急訂貨（土橋）。

③請相關公司評估，未收到本月訂購的零件時可能會有的風險（岡本課長陪土橋前往相關公司商議）。

④建立臨時體制，為有必要加工訂單資料的情況預做準備（IT，南川經理）。

⑤向責任董事及零件管理部的經理報告這件事（岡本課長）。

⑥在前線指揮，直到這件事告一段落（岡本課長）。

2 緊急處理的注意事項

岡本課長提醒相關人士，要用以下的觀點面對緊急處理。

- 雖然忘記訂購零件之失誤乍看不怎麼要緊，仍要**抱持「會給顧客帶來重大影響」這種危機感**。
- 等問題解決後再去查明原因及擬訂根本對策。**最初的行動很重要**。就像發生火災時，要以滅火為第一優先。
- **不責備犯錯的土橋**，以避免降低緊急處理的效率。
- 對策會議不拖泥帶水。由負責人岡本課長在前線指揮，實施緊急處理。
- **緊急處理要在一天之內完成**。後續處理則留到第二、第三階段進行。

第二階段 防止再犯措施

1 成立對策小組

・**組長** 零件管理部 岡本課長

・**成員** 零件管理部 土橋、相田；IT部門 吉崎

原本決定由這些人組成對策小組，但後來因岡本課長**發現風險（有可能會以組織的損益為優先），於是決定從局外的部門找一個人來支援**。

這家公司並無品質保證部門，因此岡本課長請企劃室的糸井加入小組。糸井是個能夠客觀看待事物的人。

2 發生什麼問題？

・表面上的問題是忘記訂購零件。

・正確來說，關聯公司已提供零件訂單，但零件管理部忘了把訂貨資料交給ＩＴ部門。

・ＩＴ部門為完全被動體制，只要沒收到訂貨資料就不會採取任何行動。

3 有無類似的問題？

・除了一般的售後維修零件外，零件管理部也要訂購汽車用品零件，這部分由另一人負責。

・發現汽車用品零件也常常太晚訂貨。這個問題同樣立即實施緊急處理。

4 查明原因

●壞例子

以下是常見的情況。

岡本課長：「為什麼沒把訂貨資料交給IT？上個月你也差點忘記耶。當時幸好我有發現，但你不能老是依賴別人（用接近怒吼的語氣）。」

土橋：「非常抱歉。我不是故意的，是真的忘記了。直到上週四我都還記得，但星期五早上，IT的南川經理為了專案進度落後的事嚴厲訓斥我，似乎就是因為這樣才會忘記訂貨。」

岡本課長：「所以說，原因是忘記嗎？」

土橋很想說出真心話，但犯下失誤的人是自己，自責的念頭讓他說不出話來。土橋很擔心再這樣下去，就算能避免忘記訂貨，他還是有可能在訂購零件時犯下其他失誤。

站在課長的立場，這段對話該注意的地方有以下三點：

- 提醒犯錯的當事者時，**絕對不能在他人面前斥責對方**，也**絕對不能講出否定對方人格的話**。
- 「上次也差點忘記訂貨」屬於**虛驚事件**，**亦是麻煩的徵兆**。
- 土橋**似乎沒辦法同時負責專案業務與訂購零件這項例行業務**。

●好例子

岡本課長若用以下的方式處理是較為理想的。

岡本課長：「上個月你也差點忘記訂貨呢。為什麼會犯同樣的錯？」

土橋：「對不起，我真的忘記了。」

岡本課長：「哎呀，道歉又不能解決問題。在小組查明這個問題的原因之前，我先聽聽你的真心話吧。」

同樣的失誤連續犯了兩次，讓岡本課長產生了危機感。他拿出**訪談表**，邊聽土橋的真心話邊記錄。

岡本課長如實記錄土橋說的話，完全沒有加油添醋。內容如下：

・最令我煩惱的就是，系統研發專案的負擔很大。從兩個月前開始進度就嚴重落後，每天早上都會被ＩＴ的南川經理叫去訓話，所以每到出門上班的時間心情就會很鬱卒。

・岡本團隊還有另一名成員叫做相田，但我不太清楚那個人是負責做什麼的。他每天都準時回家，還常常請假。真希望他能多幫我一點忙。

・我很納悶，為什麼自己得跟關聯公司索取訂貨資料。我收到資料後，也只是原封不動地交給ＩＴ部門罷了。我的附加價值到底是什麼？

・兩個月前，歐洲總公司提出幾個有關零件收發訂單的要求事項，導致系統需求必須做大幅變更。這就是進度落後的原因。專案成員全都想問，為什麼日本分公司不早一點確認總公司的要求。

之後，**對策小組全體成員根據以上的訪談結果，運用「五個為什麼分析表」追查根本原因**。進行分析時，由不帶成見、站在第三者立場的糸井（企劃室）向成員詢問「為什麼」。**表5－1**為分析結果。

進行這項「五個為什麼分析」時，由於「為什麼忘了把訂貨資料交給ＩＴ部門」之「為什麼」有兩個原因，故分析也分為情況一與情況二兩個部分。

如同這個案例，**假如「為什麼」的原因有好幾個，分析也得按照原因分成好幾個部**

表5－1　五個為什麼分析表

現象		為什麼1	為什麼2	為什麼3	為什麼4	為什麼5
沒訂購零件（情況一）	為什麼	為什麼沒有訂貨？	為什麼忘了繳交訂貨資料？	為什麼當天早上忘記了呢？	為什麼被叫去訓話？	為什麼會落後？
	原因	忘了把訂貨資料交給IT部門。	直到前一天都還記得，但當天早上卻不小心忘記了。	因為當天早上，被IT的南川經理叫去訓話。	因為系統研發進度太落後。	因為歐洲總公司提出有關零件收發訂單的要求事項，導致系統需求大幅變更。
沒訂購零件（情況二）	為什麼	為什麼沒訂貨？	為什麼會忘了交訂貨資料？	為什麼難以專注？	為什麼很難兼顧？	
	原因	忘了把訂貨資料交給IT部門。	因為難以專注在訂貨業務上。	因為要兼顧系統研發與例行業務並不容易。	因為兩者的工作性質不同，上司也不一樣，他們不清楚土橋的業務狀況。	

【附注】如果在「為什麼5」之前找到根本原因，就不必再問下去。

分。

關於此次忘記訂購零件之麻煩的根本原因與課題，對策小組根據五個為什麼分析表及訪談結果做出以下的結論：

①定義零件收發訂單系統的需求時，日本分公司並未向歐洲總公司確認要求事項，導致系統研發業務面臨重來一遍的窘境，研發進度因而嚴重落後。

②雪上加霜的是，專案業務（系統研發）的上司，與例行業務（訂購零件）的上司，均不清楚土橋的整體業務負擔。

③岡本團隊的業務負擔失衡，負擔全集中在土橋身上。

④關於訂購零件業務，零件管理部的功能並不明確。

討論及分析原因，不只能找出忘記訂購零件之麻煩的肇因，也可以突顯出業務方面的課題。

接著就依據上述的原因與課題，擬訂對策並付諸實行。

表5－2　防止再犯措施的程序

	根本原因、課題	對策
①	日本分公司未與歐洲總公司充分溝通，有關零件收發訂單的要求事項。	重新檢視系統需求定義程序。 向歐洲總公司確認，有無遺漏或追加要求事項（防止再度重做）。
②	未掌握個人的業務負擔。	重新檢視岡本團隊的業務分工。 ・土橋專心投入系統研發業務（業務方面的上司是IT的南川經理，但要定期向岡本課長報告業務負擔）。 ・訂購零件業務改由岡本團隊的相田負責。
③	團隊內的業務負擔失衡。	
④	訂購零件的業務流程不明確。	改善訂購零件的業務流程。

5 擬訂與執行防止再犯措施

接下來要為每個根本原因及課題擬訂對策（參考**表5－2**）。這時一定要搞清楚，某項對策是對應哪個原因或課題。

接著訂定對策的執行計畫案。這裡以「重新檢視岡本團隊的業務分工」為例，提供執行計畫案範例給各位參考（參考**表5－3**）。

執行對策時，必須按照執行計畫排程進行。

岡本課長每天都得管理進展狀況。進度落後時，就得調查落後的原因並採取對策，盡力讓防止再犯措施能按照計畫實

表5－3　訂定執行計畫案

對策案	詳細業務	負責人	計畫／執行	4月									
				3	4	5	6	7	10	11	12	13	14
				一	二	三	四	五	一	二	三	四	五
重新檢視岡本團隊的業務分工	討論新的業務分工	岡本課長	計畫	■	■								
			執行										
	在部門內展開新的業務分工	岡本課長	計畫			■							
			執行										
	向IT部門說明新的業務分工	岡本課長	計畫				■						
			執行										
	修訂零件訂購業務說明書	土橋	計畫				■	■	■				
			執行										
	教育相田	土橋	計畫							■	■	■	
			執行										

行。

6 對策實施之後的驗證

別執行完對策就不管了，實施之後的驗證非常重要。

這裡以「重新檢視岡本團隊的業務分工」為例，對策實施之後要驗證的項目如下：

・是否都有在截止日之前訂購零件？
・這次變更業務分工，是否取得了零件管理部內的共識？
・相田的業務負擔有沒有問題？
・土橋能不能專注於系統研發業務上？

查核以上的驗證項目時，就算不夠嚴格也沒關係。不過，有些時候也會發生，分明做了改善，結果卻是「改惡」的情況。

實施對策之後，先隔一段時間（至少要在一個月以內），由上司針對驗證項目詢問每位相關人士的真心話，之後再由整個團隊進行驗證。假如有不完善的地方，就繼續進行改善。

若用PDCA的觀念來整理前述的活動，結果如下：

- P（Plan，**計畫**）　針對根本原因與課題擬訂防止再犯措施。
- D（Do，**執行**）　按照執行計畫執行對策。
- C（Check，**查核**）　執行對策之後，驗證對策內容。
- A（Action，**改善**）　驗證之後，如果有不完善的地方就進行改善。

防止再犯措施到此結束。請參考**表**5－4，彙整這個階段的活動內容（格式不拘）。

第三階段實施的防患未然活動結束之後，部門負責人必須進行第八點的結案確認。

表5－4　防止再犯與防患未然處理單範例

<table>
<tr><td colspan="3">文件 No：xxx - xxxxx</td></tr>
<tr><td colspan="2">防止再犯與防患未然處理單</td><td rowspan="2">印 經理　印 課長　印 負責人</td></tr>
<tr><td colspan="2">主題：忘記訂購零件</td></tr>
<tr><td>1.成立對策小組</td><td rowspan="2">4.原因分析</td><td>6.驗證</td></tr>
<tr><td>2.發生什麼麻煩</td><td rowspan="2">7.防患未然措施</td></tr>
<tr><td rowspan="2">3.類似麻煩</td><td rowspan="2">5.擬訂與執行對策</td></tr>
<tr><td>8.結案確認
有關防止再犯與防患未然的所有業務確定都完成了。岡本課長</td></tr>
</table>

【附注】可以視需要使用別種格式的表單。

第三階段

防患未然措施

終於要進入正題——防患未然措施。這個活動跟防止再犯活動一樣，都是由同一個對策小組進行。

1 防止再犯活動的引導

首先，參考防止再犯活動所釐清的「麻煩內容」、「根本原因」、「課題」，撇除業務的特殊性不談，盡可能預想未來的風險。

這種時候**可以透過腦力激盪之類的方式，跟小組成員一起自由討論**。**表**5－5為討論結果範例。

就像這個範例一樣，先想像未來的風險，如果有什麼發現就寫下來。

請全體成員一同討論，盡可能找出多一點發現，不要遺漏任何風險。只要能發現風

表5－5　從防止再犯活動導出防患未然措施的程序

<table>
<tr><th colspan="2">麻煩狀況、
根本原因、課題</th><th>預想與發現風險</th><th>防患未然措施</th></tr>
<tr><td>狀況</td><td>忘了向廠商訂購零件。</td><td>・清查有規定日期的例行業務。
↓
・有沒有不易遵守日期的業務？
↓
・有時候會太晚向新的經銷商提供資訊。</td><td>提早一星期將新的經銷商資料存入資料庫。</td></tr>
<tr><td rowspan="3">原因</td><td>日本分公司未與歐洲總公司充分溝通，有關零件收發訂單的要求事項。</td><td>・清查與歐洲總公司有關的業務。
↓
・有沒有業務不符合歐洲總公司的要求事項？
↓
・變更過設計的零件價格資訊有所缺漏。</td><td>跟歐洲總公司討論變更設計之零件的確認方法，找出解決辦法。</td></tr>
<tr><td>未掌握個人的業務負擔。</td><td rowspan="2">・先檢查零件管理部所有人的業務負擔。
↓
・部內有三人加班超過四十小時。</td><td rowspan="2">決定零件管理部內新的責任分工。</td></tr>
<tr><td>團隊內的業務負擔失衡。</td></tr>
<tr><td>課題</td><td>訂購零件的業務流程不夠明確。</td><td>・清查讓人納悶「為什麼需要這項業務？」的業務。
↓
・重新檢視各項業務，檢查有無不需要的業務、有無遺漏需要的業務。
↓
・關聯公司也有預測零件的需求，但預測準確度時高時低，因而導致缺貨。</td><td>跟關聯公司仔細討論，要由誰來進行零件需求預測，重新檢視責任分工。</td></tr>
</table>

表5－6　虛驚事件案例集

日期	姓氏	虛驚事件	原因	對策	完成日
2/24	土橋	差點送出舊的訂貨資料。	資料名稱有誤。	全面檢查資料名稱。	2/28
3/2	相田	不小心把信寄給了另一家經銷商。	正在調查原因。	無對策（暫定對策：檢查經銷商名稱）。	3/2
3/6	相田	聽錯課長的指示。	自行解釋指示內容。	接到指示後，用自己的話複述一次，並利用電子郵件留下紀錄。	3/6

險，要擬出具體的防患未然措施就不難了。

2 其他的防患未然措施

岡本課長跟全體成員一起討論以下的內容。

●虛驚事件對策

把日常業務中的小失誤或險些失敗的案例，寫進虛驚事件案例集裡（參考**表**5－6）。忘記、錯覺、誤會、主觀認定及溝通不足等狀況也包含在內。然後跟職場所有人分享這份案例集，並且努力改善。

即使沒查出所有肇因，或對策執行得不夠完美也沒關係，光是分享虛驚事件就足以幫助大家預防問題。

表5－7　變更管理表

日期	變更內容	確認內容	確認者
3/10	相田請病假，因此臨時更換承辦人。	確定業務順利完成。	岡本課長
3/14	廠商的電子信箱無法收信，因此改用傳真機送出報價單。	確定對方確實收到文件。	相田

當然，我們還是得查明原因並採取對策，**不過光是記錄自己的虛驚事件，就能幫助我們培養防患未然意識。另外，得知他人的虛驚事件，亦可獲得不同的發現。**

這項「發現」有助於防患未然。只是單純蒐集案例是沒有意義的，因此對策小組決定在每週一的小組會議上，介紹虛驚事件案例集，**跟全體成員分享**自己的虛驚體驗。

●變更管理

「變更」這項行為有可能引發麻煩。因此，每次要做變更時，都必須把變更內容寫進變更管理表內，實施變更之後，也要確定沒有任何問題（參考**表5－7**）。

實施這項變更管理，可以預防變更所帶來的麻煩。

表5－8　防患未然措施的排序範例

No	風險	防患未然措施	重要度	頻率	檢出率	RPN	優先順序
①	太晚向新的經銷商提供資訊。	提早一星期將新的經銷商資料存入資料庫。	3	2	1	6	4
②	變更過設計的零件價格資訊有缺漏。	跟歐洲總公司討論變更設計之零件的確認方法，找出解決辦法。	3	3	2	18	2
③	部內有三人加班超過四十小時。	決定零件管理部內新的責任分工。	3	3	1	9	3
④	關聯公司也有預測零件的需求，但預測準確度時高時低，因而導致缺貨。	跟關聯公司討論，要由誰來進行零件需求預測，重新檢視責任分工。	3	3	3	27	1

3　安排防患未然措施的優先順序

如同第三章第三階段「⑫未來風險的處理優先順序」的說明，對策小組先為風險的三個要素打分數，再將三個分數相乘，然後依這個數值（RPN：Risk Priority Number，風險優先數）的高低，決定防患未然措施的優先順序。這種做法稱為FMEA（Failure Mode and Effects Analysis，故障模式與影響分析），各位可以參考前面的介紹（參考**表5－8**）。

用這種方式決定好優先順序後，

對策小組做了一番討論，最後認為①「提早一星期將新的經銷商資料存入資料庫」之對策，可在兩個小時內處理完畢，因此將該對策的優先順序排在第一位。

如果是這種**可以立即處理的簡單對策，只要得到對策小組的同意，就能提高優先順序**。

4 防患未然活動的評價

關於這次的防患未然活動，岡本課長有話想跟對策小組的成員說。聽完岡本課長的感言後，對策小組成員都異口同聲表示，幸好自己有參與這次的活動。

岡本課長：「由於出了忘記訂購零件這個狀況，促使我們展開了防患未然活動。最後，我們發現了四個風險，並採取四種防患未然措施。**雖然我無法預知未來，不過若沒實施這些對策，以後肯定會發生其他問題吧？**就這個意義來說，這次的成果相當不錯，我非常開心。在此先跟大家分享這份成就感。」

——所有人熱烈鼓掌。

土橋：「因為我的失誤，給各位添了很大的麻煩，真是對不起。坦白說，這兩個月以來我的心情真是憂鬱無比。之前就很擔心，再這樣下去自己有可能會闖出大禍。果不其然，我真的出錯了。**不過我很高興，岡本課長相當認真地傾聽我的真心話**。這是我從未遇過的情況。」

IT的吉崎：「我每天都會見到土橋先生，之前就覺得他可能沒辦法同時兼顧系統研發業務與零件訂購業務。可是，我不敢跟上司反應。在本次的活動中，這件事能被提出來並進行改善，真的是太好了。」

相田：「我也是每天都會見到土橋先生，**卻覺得他的工作跟自己無關，總是置身事外**。如今我深深反省自己的行為。雖然實施措施之後，我的業務負擔也隨之增加，不過我很高興能夠挑戰新的工作。我絕對不會忘記訂購零件的。」

岡本課長：「本次防患未然活動的幕後功臣是企劃室的糸井先生。雖然糸井先生是被我硬拉進來參加的，他卻願意以客觀的觀點提供我們許多發現。如果成員都是零件管理部和IT部門的人，目光容易變得短淺，說不定就會忽略了事物的本質。**糸井先生完美**

地發揮了『第三者之眼』的作用。真的非常感謝你。下次也請務必參加這個活動。」

糸井：「能幫上忙真是太好了。我是第一次參加防止再犯與防患未然活動，對我而言這是很寶貴的經驗。以往發生問題時，大家總是提不起勁收拾善後。**但是參與防患未然活動時，成員們都幹勁十足，進行討論時表情也充滿活力，讓我印象深刻**。希望日後還能再參加這個活動。」

有別於麻煩發生後不得不收拾善後的心情，進行防患未然活動不但能提升幹勁，還可產生「能夠防止未來的麻煩」這份成就感。

這個結果似乎又激發出參加者的熱情，讓人想參與下一次的防患未然活動。

5 整體的進展管理

這個防止再犯・防患未然活動從開始到結束，究竟該花多少時間才妥當，其實並沒有正確答案。如果活動內容很簡單，或許只要一個星期就足夠。如果活動內容很複雜，那就

表5－9　防止再犯與防患未然活動的進展管理表

程序	詳細業務	計畫／執行	4月														
			10	11	12	13	14	17	18	19	20	21	24	25	26	27	28
			一	二	三	四	五	一	二	三	四	五	一	二	三	四	五
1	成立小組	計畫	■														
		執行	■														
2	定義麻煩	計畫	■														
		執行	■														
3	類似麻煩	計畫	■														
		執行	■														
4	查明原因	計畫		■	■	■											
		執行		■	■	■	■	■									
5	擬訂與執行對策	計畫					■	■	■								
		執行						■	■	■	■						
6	驗證	計畫								■	■						
		執行										■	■				
7	防患未然措施	計畫										■	■	■			
		執行											■	■	■	■	

需要更多的時間，不過最多請控制在三個月內結束。

時間要是拖得太長，久而久之大家就會忘了這個活動，這是最壞的結果。

這裡就以一到七的程序作為範例，為各位介紹進展管理表（參考**表**5－9）。

在這個範例中，計畫晚了兩天才完成。剛開始的時候，我們很難確切知道每個活動要花多少時間。但習慣之後，要評估活動所需的天數就比較容易了。

不過，**為避免活動拖拖拉拉，一旦進度落後就必須調查落後的原因，並訂立補救計畫。活動若是拖太久，就會降低參加者的幹勁**。

6 防止再犯與防患未然活動的結案確認

所有的活動內容都要寫進處理單裡（參考**表5－10**）。

接著，由身為組長的岡本課長在處理單上填入「已結案」，最後再向零件管理部的經理報告。如果沒表示已結案，就不知道活動何時結束。**要為活動清楚地劃下句點，這很重要**。

希望各位能參考以上的案例，將背景置換成自己的職場，立即實踐看看前述的內容。

請抱持著「一定能為將來做出貢獻」的信念，努力進行防患未然活動。

接下來，我將在第六章為各位介紹，如何提升某三種能力來讓防患未然措施升級。

表5－10　防止再犯與防患未然處理單的書寫範例

<table>
<tr><td colspan="3">文件 No：xxx - xxxxx</td></tr>
<tr><td colspan="2">防止再犯與防患未然處理單</td><td rowspan="2">印 印 印
經理 課長 負責人</td></tr>
<tr><td colspan="2">主題：忘記訂購零件</td></tr>
<tr><td>1.成立對策小組</td><td rowspan="2">4.原因分析</td><td>6.驗證</td></tr>
<tr><td>2.發生什麼麻煩</td><td rowspan="2">7.防患未然措施</td></tr>
<tr><td rowspan="2">3.類似麻煩</td><td rowspan="2">5.擬訂與執行對策</td></tr>
<tr><td>8.結案確認
有關防止再犯與防患未然的所有業務確定都完成了。岡本課長</td></tr>
</table>

【附注】可以視需要使用別種格式的表單。

◇第五章總結

①此個案研究運用的題材是「忘記訂購零件」。請各位置換成自身職場的案例，舉一反三。

②使用「五個為什麼分析法」查明原因時，不可缺少團隊合作。請盡可能讓立場中立的第三者加入對策小組。因為那個人沒有任何束縛，可站在客觀的立場詢問「為什麼」。

③不妨透過腦力激盪的方式發現未來的風險。絕對不要否定他人的意見，此外也要尊重少數意見，這點很重要。

④活動過程中的討論內容要留下紀錄，最後再彙整成一張「防止再犯與防患未然處理單」，為活動劃下句點。

第六章

提升三種能力，讓防患未然活動升級

各位聽過就業力（Employability）這個名詞嗎？這是指勞動者所具備的、適合被僱用的能力。一般提到這個名詞時，大多是在討論於就業流動化的趨勢下，如何提高勞動者的自律性，對企業與社會做出貢獻。

提高這項能力，其實也能讓防患未然活動升級。

本節就為各位說明，**如何提升「專業能力」**、**「領導能力」**、**「溝通能力」這三種能力**。

1 提升專業能力

執行任何業務都需要與之相關的知識。只要運用該項知識，就能累積經驗，提升當事者的能力。那麼，我們需要何種知識呢？提示就是：要以**「從T型人進化為π型人」**為目標（參考圖6－1）。

T的橫槓代表廣泛的知識，直槓代表專業知識。

因此，T型人是指僅具備一種專業知識的人。至於π有兩條直槓，故π型人是指具備兩種專業知識的人。

也就是說，**只要擁有的專業知識，從一個變成兩個甚至更多，就能提升自身領域的專業能力**。

圖6－1　邁向擁有數種專業知識的時代

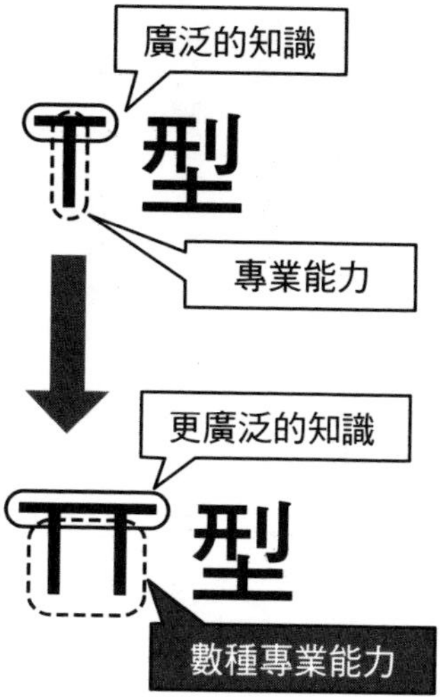

舉例來說，負責人事的人，當然要具備有關人事的知識，此外最近社會開始關注勞動問題，因此也需要有關勞動的法律專業知識。負責設計的人，如果具備品質管理與安全管理的知識，應該就能預防設計上的品質瑕疵或安全問題。

另外，實施防患未然活動探討未來的風險時，如果只具備一種知識，看法就會不夠公正，因而容易遺漏風險。

如果具備兩、三種專業知識，就可以從兩、三個方向探討風險。

不過，這裡說的專業知識並非表面上的皮毛，而是差不多能跟該領域專家對等交談的程度。當自身領域的專業知識已學到一定程度之後，請繼續學習其他相關的專業知識。

只要具備兩種以上的專業知識，自身領域的專業能力一定會隨之提升。不只如此，參加防患未然活動時，還能獲得更多發現，提高防患未然活動的水準。

在此介紹一則我的親身經驗。

多年來我都在從事品質保證的工作，因而學到了品質管理的知識。某天，我碰上焊接零件的品質問題，但單靠品質管理的知識與經驗，仍無法解決這個問題。於是，我讀了好幾本有關焊接技術的書，又向負責焊接的生產技術者請教各種知識。

這般努力的結果，我進步到幾乎能跟焊接專家對等交談的程度。之後，我運用焊接的知識，解決焊接零件的品質問題，還跟客戶公司的專家一起進行防患未然活動。

要是被某一種知識綁住，人的觀點往往會僵化。增加深入的專業知識，可使僵化的觀點變得更有彈性，想法也能變得更豐富。**不要成為「專業笨蛋」，應運用多種深度知識，提升自身領域的專業能力。**

若要提高防患未然活動的水準，請務必學習兩種以上的專業能力。

圖6－2　圍繞著領導者的組織與人才

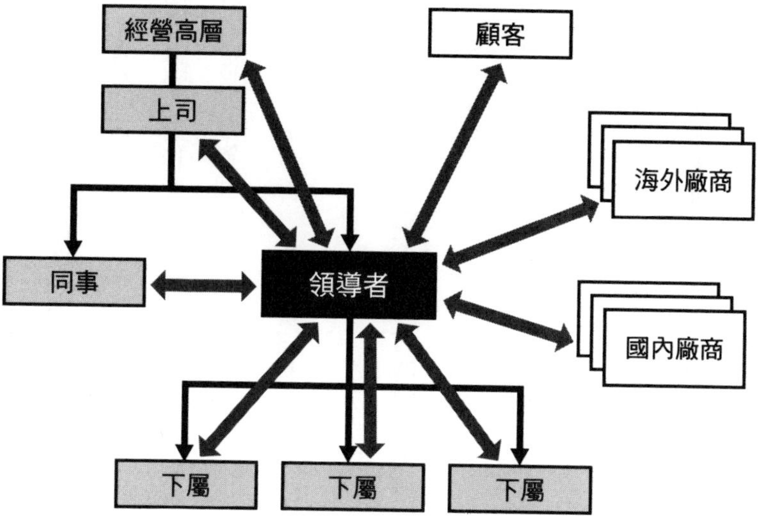

領導者的影響力遍及公司內外。

2 提升領導能力

一聽到領導者這三個字，沒有下屬的人或許會覺得那是與自己無關的名詞。

不過，**領導者不見得都擁有下屬，這其實是與經理人相異的概念**。

領導者的定義是，能對顧客、國內外的廠商以及企業的組織、管理階層行使深度影響力，並且發揮領導能力，達成企業目標的人才（參考圖6－2）。

防患未然活動的領導者，不見得一定都是課長或經理這類管理職。

那麼，進行防患未然活動的過程中，領導者該如何發揮領導能力才好呢？

首先，領導者要接觸引發麻煩的當事者，詢問他的真心話。

這種時候，最好先取得上司的同意再進行。另外，有時我們也需要其他部門的支援。這種時候，與其直接接觸本人，不如請部門主管使用指揮命令系統，如此一來之後或許能得到該部門的全面協助。

假如發生客訴，我們就需要顧客的協助。如果是跟廠商有關的麻煩，也必須考慮把該廠商拉進來一同處理問題。

如果事態變嚴重了，有可能也需要經營層的協助。

每個麻煩背後都存在著許多相關人士。要領導防止再犯與防患未然活動，需要各個相關人士的協助。有些時候可能還得指揮顧客，或是上司、經營者這類地位在自己之上的人物行動。

換言之，**若要提升防止再犯與防患未然活動的水準，必須向眾多利害關係者行使影響力，並發揮活動領導能力**。這股影響力如果過大會招致反感，但領導者若無存在感就得不到任何協助。

領導者應時時思考如何行使影響力，並且主動行動，這樣才能提升防患未然活動的水準。

3 提升溝通能力

談到溝通環境，不能不介紹美國文化人類學家，愛德華・T・霍爾（Edward T. Hall）提倡的「High-context culture（高情境文化）與Low-context culture（低情境文化）」。context為脈絡、背景的意思。其實這個概念，非常有助於提升防患未然活動的水準。

●高情境文化（暗示型）

「語言、共同知識、經驗、價值觀、邏輯、嗜好性」等溝通基礎的共通性高，故要求溝通者必須具備默契，懂得察言觀色，能夠領略文章的真正含意。

●低情境文化（明示型）

溝通基礎的共通性低，因此重視各種有關溝通的能力（邏輯思考力、表現力、說明能力、辯論力、說服力、交涉力），也就是講求從零開始的溝通。

相信各位已經注意到了，**日本是以高情境文化溝通模式為主**。雖然日本擁有許多出色的文化，但在從事有點複雜的**工作時，請務必尊重低情境文化的溝通**。

這裡就用以下的對話案例來探討這麼做的原因。

●高情境的對話

承辦人：「剛才接到A公司的客訴。對方似乎相當生氣。」

課長：「就照之前說明過的做法處理。」

承辦人：「好、好的……」

課長：「怎麼，難道你忘記了嗎？應該不可能吧。我花了那麼多時間說明，你應該還記得才對？」

承辦人：「我明白了。」

這名承辦人其實想跟課長重新確認一次，處理A公司客訴的做法，但現場的氣氛不允許他發問，最後只好作罷。

這樣真的能處理好客訴嗎？

●**低情境的對話**

承辦人：「剛才接到A公司的客訴。對方似乎相當生氣。」

課長：「這次跟以前的客訴有什麼不同嗎？可以用之前說過的程序處理嗎？」

承辦人：「客訴內容跟上次一模一樣。不過，因為我們連續犯同樣的錯，客戶對此相當生氣。還有……」

課長：「還有什麼？講清楚一點。」

承辦人：「其實我搞不太懂上次說明的程序。希望您可以再重新教我一次……」

課長：「這樣啊。畢竟上次只用口頭說明，看來我講得不夠清楚。既然這樣，也找其他的承辦人一起參加客訴對策會議吧。麻煩你叫大家過來開會。」

這個案例不要求溝通者必須觀察現場的氣氛，此外也沒必要猶豫是否該請對方重說一次以前講過的內容。

當然，之前聽過的內容應當要徹底理解才對，但處理客訴時，並不是只要採用跟以前一樣的做法就好。

如同這段對話的情況，儘管客訴內容跟之前一模一樣，但因為同樣的問題發生了好幾次，導致顧客的態度跟之前不同。

因此，我們有必要改變處理方法。但若採取高情境溝通模式，我們就會不清楚實際情形，不知道是否要換個方式處理客訴。

我並不是說高情境溝通模式一定不好。在清楚掌握一切的狀況下，囉哩囉嗦地說明只是在浪費時間。

高情境溝通模式講求的是聆聽者的能力，而非說話者的能力。也就是要求聆聽者，即使說話者講得不清不楚抑或言辭簡練，也能理解對方的意思。

假如聆聽者是資深老鳥，對方或許就能「聞一知十」，但換作是工作經驗不多的人，同樣的內容就得有條理地說明好幾次。若只靠默契或察言觀色來溝通，就可能引發麻煩。

進行防患未然活動時，請尊重低情境文化之概念，別太講究日本文化的「文雅與內斂」。另外，不要使用隱晦模糊的表現方式，應該有條理地溝通，如此就能提升防患未然活動的水準。

◆第六章總結

①學會兩種以上的專業能力，可獲得更多的發現，幫助自己防患於未然。

②只要能夠發揮領導能力，對相關人士行使好的影響力，便能擴大防患未然活動的成果。

③首先要了解溝通分為高情境與低情境兩種模式，並尊重低情境文化之概念，如此就能提升防患未然活動的水準。

資料篇

預防電子郵件引發的麻煩

工作上的麻煩，有時是電子郵件引起的。

本章就為各位介紹這類麻煩的預防措施。

1 有效地分別使用電子郵件、電話及會面

不消說，如今電子郵件已是工作及私生活中不可或缺的事物。不過，電子郵件雖然非常方便，卻也暗藏了陷阱。

因為這種溝通方式並非雙向的，而是單向的。

如果是事務性內容就適合使用電子郵件，假如內容很複雜或帶有情緒，最好別只用電子郵件傳達，應搭配電話溝通或當面溝通。

以前我經常要跟外國人溝通交流。

如果是事務性內容，只用電子郵件傳達就夠了；如果內容不易理解或可能發生摩擦的話，我就會打電話給對方（或是利用Skype）。這樣一來，不僅可以直接得知對方的反應，也可以當場進行修正。

如果需要更慎重一點，那就再寄電子郵件給對方，複述那通電話的內容。

如同上述，遇到複雜場面時，用電子郵件搭配電話溝通或當面溝通，就能預防溝通失誤造成的麻煩。**也許有人會覺得打電話或會面很費事，不過若能預防麻煩，那就非常值得我們搭配使用。**

2 弄錯收件者會造成致命傷

如果寄信時弄錯收件者，最糟有可能會洩漏資訊而演變成大問題。

另外，在公司裡使用電子郵件的通訊錄時，如果當中有同姓的人就要當心。假如不小心看錯名字，把信寄給了另一個人，就有可能引發麻煩。

除此之外，有時也會發生本來該在ＴＯ（收件者）欄位輸入對方的電子信箱，卻輸入到ＣＣ（副本）欄位的情況。假如對方很忙，這種時候他就有可能略過那封郵件。因此寄信時要想好適當的主旨，也要小心別搞錯ＴＯ和ＣＣ的用法。

發送前檢查郵件內容時，如果只透過電腦螢幕檢查，就有可能不會發現錯誤。

雖然這麼做有點費事，但假如要寄的是重要郵件，還是請各位將內容列印在紙上再檢查一次。只要換個檢查方式，就會比較容易發現錯誤。

3 有助於整理要點的條列式表達

假設你收到以下兩封信，請問你覺得何者閱讀起來比較輕鬆呢？

《例一》

今日的營業會議決定了以下三個事項。最優先準備A公司的招標案。要在本週內向A公司提出提案書。盡速與A公司採購經理預約會面時間。關於提案書的製作，已確定要與技術部合作進行。

《例二》

今日的營業會議決定了以下三個事項。

①最優先準備A公司的招標案。
②要在本週內向A公司提出提案書。
③盡速與A公司採購經理預約會面時間。
另外，關於②的部分，已確定要與技術部合作進行。

如果是這麼簡短的郵件就沒有太大差異，但假如內容再長一點，《例一》讀起來可能會讓人感到壓力。最後說不定就會發生看錯或誤解內容的狀況。

像《例二》那樣條列式表達不只有助於整理要點，也能讓人閱讀、理解起來更輕鬆。如此一來，就能夠預防看錯或誤解內容的狀況。

尤其是重要的內容，若用條列式表達的話，在視覺上更容易讓人記住。另外，如果之後要引用條列的內容，也可用「關於②的部分」這種方式取代，十分方便。

本書同樣隨處可見條列式表達，目的是希望能盡量加深讀者的理解。條列式表達不只對閱讀者有好處，對書寫者也大有幫助。

4 再次利用的舊郵件是麻煩的根源

我們常常會把以前的郵件拿來再次利用，不過就算收件者與副本都是同一批人，把舊郵件當成「連鎖信」使用還是很危險。

最常見的情況就是，這次的郵件內容分明跟舊郵件不同，卻沒更改主旨就直接發送出去。

另外，如果要給舊郵件加入新的收件者也要當心。畢竟新的收件者沒收過之前的舊郵件，看到這封信時或許會嚇一跳。

因此，如果要再次利用以前的郵件，必須注意以下兩點。

- **只要郵件的內容跟舊郵件有一丁點不同，就要更改主旨。**
- **假如以前的郵件裡有這次用不到的部分，或是有不該讓新加入的收件者看到的內容，就需刪除該部分。**

如果要引用舊郵件，比較好的做法是重寫一封新的郵件再附加舊郵件。總之關鍵就是要站在收信者的立場寄發郵件。

5 別為憤怒郵件生氣

相信各位都有過看完郵件後感到不愉快的經驗，假如那封郵件是自己或自家公司造成的客訴，那就必須立刻處理才行。

不過，要是這時想反駁憤怒的對方，結果會怎麼樣呢？如果擺出「想吵架，我奉陪」的態度，便有可能使客訴演變成大麻煩。

人一旦感到憤怒，就會完全進入自己的世界。在這種狀態下回信，只會火上加油罷了。

這種時候為了脫離自己的世界，請務必**先設置一段冷卻期**。

就算是一定得立刻回覆的狀況，也至少要先隔一個小時左右再回信。假如情況許可，第二天再處理的話，頭腦會比較冷靜。

請你利用這段冷卻期，想一想以下的問題。

・寄件者**為什麼會生氣**？他的理由與目的是什麼？

・**應該自己一個人處理嗎**？還是把上司或相關人士拉進來一同處理比較好？

任何人展開某項行動時都有他的意圖在。

只要能夠理解，這個意圖即是對方當時做出的最佳選擇，你就不會做出火上加油的行為。

假如一看到憤怒郵件就立刻帶著怒火處理，之後肯定會演變成大麻煩。只要製造「空檔」，冷靜地處理，便可預防這種大麻煩。

6 寫英文信時的注意事項

如果各位有機會寫英文電子郵件，不妨參考以下的內容。本節就簡單介紹幾個重點。

●拼字檢查的陷阱

電子郵件與WORD通常都有拼字檢查功能，非常方便好用。

不過，這個功能同樣暗藏陷阱。如果輸入的是未加入字典且不存在的字，文字下方就會出現紅色波浪底線警告你「拼錯字了」。

但是，**如果這個字確實存在，程式就不會給予任何警告**。

舉例來說，本來應該輸入「message」的地方，就算打成「massage」，程式也不會給予警告。因此**絕對不能過度相信拼字檢查**。

如果使用前面提到的方法，把郵件列印出來檢查的話，或許會比較容易發現錯字。

●不可使用的單字與表現方式

縱使英語的表達方式比日語直接，仍然應該避免使用毫不掩飾情緒的表現方式。因此，像以下的單字最好不要使用比較保險。

・reject／refuse

這兩個單字有「拒絕」、「不准」的意思，但語氣較強，改用同義字「decline」的話語氣比較柔和。

・insult

這個單字是「侮辱」的意思，要是用了有可能傷到對方的自尊心，或是讓對方覺得你在挑釁他。

・disappointed

這個單字有「失望」、「沮喪」的意思，「我對你很失望」這句話，有可能會讓對方失望。

另外，「You **should** send the document until tomorrow.」這句話，對對方而言是很強硬的命令句。

如果你一定要強調這件事，可以把**主詞換成自己**，改用「I **need to** get your document until tomorrow, because……」（明天之前我一定要收到你的資料才行）這種說法，語氣就會比較和緩。假如這時，你能用「because……」告知原因，對方便能了解你的緊急程度吧。

寫信時只要用錯一個字就有可能引發問題。不過，只要多用心一點就能夠避開麻煩。

●使用主動態比被動態好

日語有時會省略主詞，反觀英語的文章一定會有主詞。因此，如果直接日翻英的話，有時就會寫出被動態句子。

舉例來說，把「資料必須在今天之內完成」翻成英文，就會變成「**The document should be completed** within today.」。

這樣一來就搞不清楚到底要誰在今天之內做好資料。

如果為了製作資料的責任分工，跟這封郵件的對象起了爭執，就有可能發生小麻煩。

若要避免這類糾紛，最好改寫成「**I should complete the document** within today.」。

以自己為主詞使用主動態表達，不僅能明確表示責任歸屬，也能讓文章更加流暢。

●ASAP（As Soon As Possible）等於沒有期限

當我們希望這封郵件的對象能盡快處理事情時，有時會在文章中使用「ＡＳＡＰ」這個字。

但是，這樣一來對方就不清楚我們希望他在何時之前把事情處理好。**因為我們認為的**

「盡快」與對方認為的「盡快」，兩者的緊急程度可能有所出入。

我們之所以會用「ASAP」這個字，可能是起因於日本人的個性。也就是其實自己很希望事情能在今天或明天之內處理好，卻不好意思直接跟對方說。

或許就是這個緣故，我們才會使用「盡快」這種模稜兩可的說法。

這種時候反而應該明確告知期限才對。

總而言之，**別用「ASAP」這個字，只要有禮貌地告知對方，你希望他在何月何日之前把事情處理好，這樣就沒問題了**。反之，如果沒明確告知期限，不僅會給自己的業務帶來麻煩，也有可能會造成別的問題。

●就算加上Please依舊是命令句

「Please＋動詞～」這個句型雖然有禮貌，但它依舊是命令句。

換言之，這個句型不適合對上司、顧客或廠商使用。

舉例來說，如果你想拜託對方「可以打電話給我嗎」，不要用「Please call me.」，應改用疑問句「**Would（或Could） you call me?**」。這種說法等於是請對方選擇，能夠展現你的敬意。

另外，用假設句「I would appreciate it if you could call me.」的話，語氣更婉轉，也顯得更有禮貌。appreciate這個字適合用來向對方表示敬意。

加上Please的命令句本身是沒有問題的，但在雙方為別的事起爭執時使用這個句型，就有可能引發麻煩。

無論引發麻煩的火種有多小，還是趕緊除掉比較保險。

不過，如果是「Please do not hesitate to contact me if you have any further question.」（若有其他問題，請儘管詢問），這種不強迫對方的說法，使用「Please……」就沒有問題。

●要留意日期的寫法

假如美國人寄來的郵件中，出現「03/04/17」這個日期，請問該怎麼解釋才對？「17」應該是指二〇一七年，但「03/04」到底是三月四日，還是四月三日呢？另外，如果英國人寄來的郵件中出現同樣的日期，又該怎麼解釋呢？

日本跟中國一樣，都是按「年↓月↓日」的順序書寫日期。

至於**美國是「月↓日↓年」**，**歐洲則是「日↓月↓年」**。如果是個別寫信給美國人及歐洲人，可以配合對方的習慣變更日期的寫法。

不過，如果這封信是同時寄給歐洲人及美國人，「03/04/17」這種日期寫法，就有可能因為雙方認知不同而引發麻煩。

因此，如果要寫日期，改用「March 4th, 2017」或「4th March, 2017」，就不必管月和日的順序，能夠正確告知對方「二〇一七年三月四日」這個日期。只要別偷懶，寫得清楚一點，就能夠預防對方搞錯或誤解。

【参考資料】

・畑村洋太郎著《「想定外」を想定せよ！》ＮＨＫ出版，二〇一一年
・濱口哲也著《失敗学と創造学》日科技連出版社，二〇〇九年
・芳賀　繁著《失敗のメカニズム》角川書店，二〇〇三年
・小松原明哲著《ヒューマンエラー　第二版》丸善出版，二〇〇八年
・盧　在洙著《観術で生かす　日本の和心》ピースプロダクション，二〇一二年
・宇都出雅巳著《仕事のミスが絶対なくなる頭の使い方》クロスメディア・パブリッシング，二〇一六年
・内永ゆか子著《日本企業が欲しがる「グローバル人材」の必須スキル》朝日新聞出版，二〇一一年

後記

非常感謝你閱讀本書，並且堅持到最後。

我想，大多數的讀者都是第一次接觸防患未然的觀念。這個觀念一點也不複雜困難，在品質管理上早已開始實踐「防患於未然」，各位的職場也能立即應用這個觀念。

因此，希望各位能把以前的失敗案例當作教訓，避免再成為未來的損害。還有，不要光想不做，請付諸實行並且養成習慣。

這是我的第一本書，不過出書這件事並不是我真正的目的。其實我是想透過本書，向社會大眾推廣防患未然的觀念，以期實現零麻煩、零事故的社會。

我為什麼會有這個強烈的念頭呢？最直接的起因是，二〇一六年一月十五日發生的輕井澤滑雪團遊覽車翻覆意外，但除此之外還有其他的因素。

進入汽車公司任職以後，我遇過各式各樣的麻煩與事故，也看過許許多多的報導。每一次都帶給我很大的衝擊，令我心痛、苦惱不已。

我實在無法置身事外，最後便在「不能再坐視不管」這股衝動的驅使下，決定出版這本書。

撇開自然災害不談，所有的麻煩與事故都屬於人禍。任何麻煩與事故都有明確的肇因，因此我們能夠預先排除這個肇因。

「等到事情真的發生，不管做什麼都來不及了。」

防患未然措施的價值就在這裡。

如同我在第三章尾聲談到的，防患未然措施不只能夠排除未來的麻煩與事故，還可作為業務改革，協助企業削減成本、提升業績，更有助於提高員工的工作動力。

企業經營者可透過防患未然措施，獲得所有想要的東西。請經營者率先做好榜樣，帶領員工進行防患未然活動，打造出強大的企業。

本書介紹了許多案例。

不過，有些內容或許跟各位的職場有所出入。很遺憾無法收錄所有的案例，希望各位在閱讀時，能夠將內容置換成自身職場的問題，有彈性地靈活運用本書介紹的處理方法。

倘若本書能在防患未然上，針對各位的職場麻煩提供一點幫助，我會非常開心的。

最後，本書能夠順利出版，都要感謝Next Service股份有限公司的松尾昭仁先生從頭到尾認真地指導我。另外也要由衷感謝合同Forest股份有限公司的山中洋二先生、山崎繪里子小姐，在我寫稿不順利時，仍然很有耐心地等我，並且給了我各種建議。

林原　昭

二〇一七年七月

● 作者簡介

林原　昭（はやしばら・あきら）

防患未然研究所負責人
Neutral Base NLP®認證高級執行師

1973年畢業於慶應義塾大學工學院測量工程學系。同年進入日產汽車公司，從事現場改善與生產管理。任職期間，從現場與工廠每天發生的重大事故中發現「防患未然」的必要性，並且對人類的習性產生興趣。
之後轉換跑道，於大型建設公司「千代田化工建設」任職。曾在擔任專案經理，參與國外汽車製造商的工廠建設案時實施「防患未然」活動。至今已在國內外的各種現場，留下不少削減成本與改善品質的成果。
2016年1月輕井澤發生滑雪團遊覽車翻覆意外之後，決定致力推廣「防患未然」之觀念，以期實現零麻煩、零事故的社會。

■防患未然研究所

官方網站　http://mizenboushi.com
電子信箱　info@mizenboushi.com

企畫協力　NEXT SERVICE株式會社　代表取締役　松尾昭仁
組　　版　GALLAP
裝　　幀　華本　達哉（aozora.tv）
圖　　版　GALLAP、Shima.
校　　正　竹中　龍太

感謝您購買本書。若您讀後有任何感想、意見，
歡迎以英文或日文寫信至以下的e-mail address：
akira.hayashibara@gmail.com
還請多多指教。

國家圖書館出版品預行編目資料

為什麼你總是在忙著善後?：風險管理專家親授3大SOP,從此跟職場災難說再見! / 林原昭作；王美娟翻譯. -- 初版. -- 臺北市：臺灣東販, 2018.08

262面；14.7×21公分

ISBN 978-986-475-747-3(平裝)

1.危機管理 2.風險管理

494　　107010665

為什麼你總是在忙著善後？
風險管理專家親授3大SOP，從此跟職場災難說再見！

2018年8月1日初版第一刷發行

作　　者　林原昭
譯　　者　王美娟
編　　輯　魏紫庭
特約美編　鄭佳容
發 行 人　齋木祥行
發 行 所　台灣東販股份有限公司
＜地址＞台北市南京東路4段130號2F-1
＜電話＞(02)2577-8878
＜傳真＞(02)2577-8896
＜網址＞http://www.tohan.com.tw
郵撥帳號　1405049-4
法律顧問　蕭雄淋律師
總 經 銷　聯合發行股份有限公司
＜電話＞(02)2917-8022
香港總代理　萬里機構出版有限公司
＜電話＞2564-7511
＜傳真＞2565-5539

TOHAN